中华科技传奇丛书

# 从大雁塔到东方明珠

刘艳云　编著

上海科学普及出版社

**图书在版编目(CIP)数据**

从大雁塔到东方明珠/刘艳云编著. ——上海:上
海科学普及出版社,2014.3
(中华科技传奇丛书)
ISBN 978—7—5427—6047—0

Ⅰ.①从… Ⅱ.①刘… Ⅲ.①建筑史—中国—普及读
物 Ⅳ.①TU—092

中国版本图书馆 CIP 数据核字(2013)第 306650 号

责任编辑:胡 伟

中华科技传奇丛书
**从大雁塔到东方明珠**
刘艳云 编著
上海科学普及出版社出版发行
(上海中山北路 832 号 邮政编码 200070)
http://www.pspsh.com

各地新华书店经销 三河市华业印装厂印刷
开本 787×1092 1/16 印张 11.5 字数 181 400
2014 年 3 月第一版 2014 年 3 月第一次印刷

ISBN 978—7—5427—6047—0 定价:22.00 元

# 前言

　　建筑，是人们为地球留下的最伟大的杰作之一，展示着人类文明进步的风姿。

　　从人类最初简单的筑巢到今天的摩登大厦，其中经历了一段难以言状的艰辛发展史。人类建筑文明的发展与社会的发展是同步的，透过建筑发展史，我们可以看到整个社会文明的进步。本书以我国建筑发展史为主要线索，从我国古代的著名建筑开篇，一一再现了中华儿女在建筑上的非凡智慧。

　　我国是世界上公认的文明古国之一，我国的古代建筑是世界上六大原生态建筑体系的组成部分，是人类文明不可或缺的重要内容。我国的古典建形式各异，其中最精华的当属佛堂、祠堂、佛塔、宫殿、楼阁等形式。如布达拉宫、紫禁城等，皆称古建筑中的精品。

　　中国的古代建筑充分体现出了中华民族的思想观念、文化观念以及艺术观念。这些观念不仅体现在建筑的布局、形态、结构与材质上，也体现在建筑的装饰艺术上，诸如彩画、雕刻等。建筑的风格与时代的主流文化密不可分，匾额、楹联、书法、绘画是我国古代特有的艺术门类。

　　每一座伟大的建筑物，都容纳了一个时代的丰厚底蕴，彰显了建造者的精湛工艺，承载着人们开拓创新的勇气与决心。改革开放以来，我国的建筑在传统的土壤上，不断吸收外来建筑文化，发生了翻天覆地的变化，现代化建筑日新月异，近年来更是涌现了一批高标准的代表之作，如：北京的国家体育场——鸟巢、国家游泳中心——水立方，上海的世茂广场、上海的标志性建筑——东方明珠等。

每一座建筑背后都有一个动听的故事，每一座建筑的年轮都记载着一段鲜为人知的历史，每一座建筑的脚步都烙印了我国文明的辉煌。怀着无比景仰与虔诚的情怀，本书如数家珍般将我国建筑史上最具代表性、最美丽、最辉煌的建筑一一生动而详实地记述下来。只要一翻开本书，中华五千年的建筑文明就跃然纸上。

# 目录

# 一、美轮美奂的古建筑

# 佛教建筑中的"圣塔"

⊙ **风采展示**

在中国古代的建筑中，佛教建筑以其浓厚的宗教色彩独树一帜。其中，最具代表性的当属建于公元652年的大雁塔。

大雁塔位于陕西省西安市，也叫大慈恩寺塔。它是中国唐代佛教建筑中最具代表性的艺术杰作。它属于楼阁式砖塔，总共有七层，高为64.5米，呈方形锥体，以古典的仿木结构形成一个个小开间，并从下至上按一定的比例递减。塔内设有木制的楼梯，可以盘旋着登楼。每层的四个面上都有一个弯拱的门洞，人们可以凭栏远眺，好不惬意！

塔的整体气势宏大，造型简洁但不失稳重，格调庄严而又古朴，构建比例合理，属于目前我国保存得比较完好的楼阁式塔之一。在塔内，人们可以俯视到整个西安古城。

大雁塔不仅是西安的著名建筑古迹，更是西安市最具标志性的建筑，西安市的市徽上就有其身影。

佛教建筑中的"圣塔"——大雁塔

大雁塔主要由塔基、塔身、塔刹三个部分组成，在塔体的各层上，全部为唐代建筑样式，用青砖制作成檐柱、栏额、斗拱、檐椽、檀枋、飞椽等仿木的结构，磨砖对着缝隙而砌，如此，显得结构更加严谨，磨砖之间的各个对缝也异常坚固。塔身的各层壁面上，都用砖砌成了一些柱子和阑额，柱子的上部还布置着大斗。塔内部的平面也是方形的，而且每一层都有楼板，有扶梯。一层、二层由多起方形柱子隔开，分成九间，三、四层则分成间，五、六、七、八层分成五间。塔上还陈列着一些佛教石刻、佛舍利子，其中还有关于唐僧取经的石刻。

近观大雁塔

塔底层的四面都有一道石门，门楣上刻着精美的佛像，西边的门楣上是一幅阿弥陀佛说法图，出于唐代画家阎立本之手，图中是无比富丽堂皇的殿堂，画面的布局非常严谨，其线条也遒劲而流畅。底层南部的门洞两边镶嵌着唐代书法家褚遂良的作品，另外，还分别有两通石碑，其一是唐太宗李世民所撰的《大唐三藏圣教序》，另一通是唐高宗李治所撰的《述三藏圣教序记》。这些都是极具艺术价值的书法作品，人们把它们称作"二圣三绝碑"。

## ⊙趣闻链接

关于大雁塔这个名字的由来，长期以来都是众说纷纭。难道它真的跟大雁有关？

唐玄奘所著的《大唐西域记》中，记载着他在印度的听闻，在当时的印度，有关于僧人埋雁造塔的传闻，所以，人们便认为这就是大雁塔名字的由来。

相传，在很久以前的摩揭陀国，也就是现在印度的比哈尔邦南部，有一个小寺院，里边的和尚都信奉小乘佛教，每天只吃三道净食（也就是雁肉、鹿肉和犊肉）。有一天，天空中有一群大雁飞舞着，一个和尚看到了这群大雁，就特别兴奋地说："今天，我们都没有东西吃了，是菩萨不忍心看着我们饿肚子吧！"他一说完，就有一只大雁坠死在了这个和尚跟前，他非常惊喜，马上告知寺里的其他僧人，大家都认为这是如来佛在教导他们。于是，就在大雁落下来的地方，他们非常庄重地建造了一座塔，这就是雁塔的最初由来。

## ⊙特色评点

作为我国佛教建筑的"圣塔"，大雁塔中不乏唐代碑刻中的精品，以及大量弥足珍贵的书法碑刻，为后人研究唐代的绘画、书法、雕刻艺术提供了很多重要的文物。而且，在大雁塔里，还留有许多著名诗人才华横溢、出神入化的诗句，它们流传千古而不衰，让我国的古典文化更加流光溢彩。

古建筑中的艺术精品——大雁塔

新建的大雁塔北广场更是创造出了许多新的纪录，它是目前亚洲最大的喷泉广场和最大的水景广场，其水面面积达到了2万平方米；它也是亚洲雕塑规模最大的一个广场，广场中有两个上百米长的群雕，由八组大型人物的雕塑和40块地景浮雕组成。

# 嵩岳寺的千古"绝塔"

## ⊙风采展示

一些古老的佛刹，总是以其独特的建筑魅力吸引着世人的眼球。其中，河南省郑州市登封县就有这样一座古老的佛刹，它就是我国重点文物保护单位之一的嵩岳寺塔。

早在北魏时期，嵩岳寺曾经是一座皇室离宫，当时取名为闲居寺，后来才被改建成一座佛寺。相关资料表明，嵩岳寺塔大约建于公元508~520年，因此，距今已经有1 500年的历史了。

嵩岳寺塔拥有十分精湛的建筑艺术，是"古塔"中的绝品。这座塔属于单层密檐式砖塔，呈十二边形，在我国的古塔中，这种构造的塔绝对是一件前无古人后无来者的经典作品。

整个塔可以分成基台、塔身、密檐和塔刹四个部分，高约40米。基台及塔身呈十二边形，基台高为85厘米，每边宽为160厘米。塔前有一个长方形的月台，塔后有一甬道，与基台的高度一致。基台以上的部分便是塔身，塔身中间环绕着一周腰檐，把整个塔分成上下两段。下段是没有装饰物的素壁，四周都有一道门，各边长约为280厘米。塔的上部有着精美的装饰，这是全塔最重要、最具有艺术性的部位。东南西北四个面与腰檐以下有券门，门额是双伏双券尖拱形的，拱尖处装饰着三个莲瓣，券角有对称的外券旋纹，拱尖两边的壁面上各嵌着一方石铭。在12个边的转角处，还有个半隐半露的倚柱，露出来的那一部分呈六角形。柱子上都装饰着一些火焰宝珠和覆莲，柱子下是平台及覆盆式的柱础。除了壁门的四个面之外，其他的八个倚柱面之

间，还各造着一个佛龛。在龛身的正面，嵌着一块石头。龛上有券门，龛室内平面是长方形的。在龛内外，还画着一些彩画，但由于年代久远，这些彩画已经很模糊了。龛下有基座，正面并列着两个壶门，里面各雕着一尊狮子，整个塔上雕刻着16尊狮子，有的立着，有的卧着，有的是正面的，有的是侧面的。

嵩岳寺塔

塔身上是15层叠涩檐，每两个檐之间的距离相仿，因此叫作密檐。檐中间砌有矮壁，壁上有拱形门和棂窗，但其中只有几个小门是真，其他都是雕饰出来的假门与假窗。密檐之上是塔刹，高约3.5米，从上至下由宝珠、七重和轮、宝装莲花式覆钵等精美的装饰物组成。在塔室上层，以叠涩内檐分成十层，最下面那一层的内壁是十二边形，直到从第二层开始，才变成八角形。嵩岳寺塔是我国最早的一座多边形砖塔，它与太室山相辅相成，并衬以绿树红墙，显得巍峨而壮丽，非常漂亮。

## ⊙趣闻链接

嵩岳寺塔高大挺拔，雄伟壮观，很多游人都想登高远眺。但是，由于没有塔棚木梯，所以，大家只能走进塔去，却无法登上塔顶。据说，塔中原本是有塔棚和木梯的，后来却消失了。对此，还有一段传说。

相传，在很早以前，有一个小和尚每天都被师傅安排着清扫塔房。有一回，他在扫地的时候，突然发觉自己的双脚慢

高大挺拔的嵩岳寺塔

慢离开了地面，升到了空中，接着又徐徐落到地上。随后的好几天，他每次去扫塔房时，都会升空一次，而且还一次比一次高呢！小和尚高兴极了，以为自己即将修成正果了。于是，他激动地把情况告诉了他的师傅。老和尚觉得不可思议，于是，就跑到现场去看个究竟，没想到在塔棚口上发现了一条巨蟒，它张着大口，正把小和尚往肚子里吸。老和尚见此场景，赶紧大喝一声，这才吓跑了黑蟒。后来，经协商，他们决定用火来烧掉巨蟒以绝后患。所以，此后的嵩岳寺塔就成了一座没有塔棚和木梯的空塔了。

⊙ **特色评点**

嵩岳寺塔是我国现存的最古老的佛塔，在全世界的范围内都不多见，该塔不仅以其独特的平面形状而闻名而且还以其优美的体形轮廓而举世闻名。

嵩岳寺塔不仅刚劲雄伟，而且轻巧秀丽，具有非常精巧的建筑工艺。虽然这座古刹高大挺拔，但材料却特别普通，它是由最常见的砖和黄泥粘砌而成的。塔砖薄而小，却能抵抗千年的风雨，这充分显示了我国古代建筑工艺的高超水平。

嵩岳寺塔不管是在建筑艺术上，还是在建筑技术上来说，都是可以称得上是一件珍品。

高耸的嵩岳寺塔

# 湖光山色中的名楼

⊙**风采展示**

在湖南省岳阳市的湖光山色中，有一座美丽的古建筑，它屹立于洞庭湖畔，是中国古代建筑的瑰宝。它就是著名的岳阳楼。岳阳楼始建于约公元220年的三国时期，这里曾经是吴国鲁肃训练水兵时所建造的阅兵台。直到唐代的开元年间，才在这里修筑楼阁，并正式把它命名为"岳阳楼"。到了1045年，宋代名人范仲淹撰写了一篇《岳阳楼记》，自此，这座楼阁更加广为人知，并逐渐发展成我国南方的一大名胜古迹。

迄今，在1 700多年的历史里，岳阳楼屡修屡毁，经历了诸多的风风雨雨。根据史料证明，它已经修葺了30多次。现在人们看到的岳阳楼是在1984年修建的，它沿袭了清朝时期的建筑风格。岳阳楼在洞庭湖畔雄踞了1 700多年，气势雄浑，巍峨壮观。当人们站在岳阳楼上俯瞰八百里洞庭湖时，只见烟波袅袅，帆影不断，风光如画。

岳阳楼全部是由木材建成的，没有用到一钉一铆，其造型非常古朴，建筑风格也很有特色。主楼分为三层，整个楼高达15米，楼身主要靠四根楠木大柱支撑着，用12根圆木柱子支撑着二楼，以12根梓木檐柱撑起飞檐，柱与柱之间彼此牵制着，融为一体。整个楼房的梁、

岳阳楼

柱、檩、椽都紧紧衔接在一起，相互契合着，非常稳定。岳阳楼还有一大特色，就是它的楼顶结构如同将军的头盔一样，显得非常雄伟。

另外，在岳阳楼的旁边，还有一些辅助建筑物，如仙梅亭、三醉亭和怀甫亭等。在岳阳楼的下面，有一方沙滩，那里有三具如同枷锁般的铁制物，重达750千克。这一特殊景观也吸引了不少游客。但这些枷锁般的铁制物究竟有何用途呢？关于这个问题，至今都没有统一的说法。

## ⊙趣闻链接

岳阳楼中流传着很多非常有意思的传说，其中以《吕洞宾三醉岳阳楼》最有名，它体现出了岳阳楼的风情。据说，仙人吕洞宾得知岳阳将有神仙可以得到度化，于是他就来到了岳阳楼当中，用一锭墨换了壶酒来喝，酒醉之后边倒下去呼呼大睡。

在岳阳楼下，一株千年老柳树已成了精，杜康庙前的白梅树也已经成了精。这梅花精便跑到岳阳楼上去作祟，柳树精唯恐梅花精伤了无辜之人，便前往巡查，在途中遇到了吕洞宾，吕洞宾劝柳树精出家修道，但他苦于自己还没有修炼成人形，无法成道。吕洞宾便让他转世投胎到楼下卖茶的人家去，让他投胎为男，梅花精则投胎为女，也就是郭马儿与贺腊梅。30年后，再来度化他们两个。他们两个长大成人后结合成了一对夫妇，在岳阳楼下开了一家茶坊。仙人吕洞宾如约前来度化他们，前两次，郭马儿并不醒悟，到了第三次，郭马儿不再卖茶，而是开始卖酒了，吕洞宾喝了他的酒后，交给他一把剑，让他把妻子杀了之后再出家。

但是，郭马儿舍不得与妻子的情谊。当他把剑带回家之后，贺腊梅的头突然掉了下来，郭马儿认为是吕洞宾害死了他的妻子，于是把他告到官府。但是，吕洞宾却说贺腊梅并没有

湖光山色中的岳阳楼

死，他长唤一声之后，贺腊梅果然来了。判官要判郭马儿诬告罪，他急忙向吕洞宾求救，没想到这判官原来是仙人汉钟离。于是，郭马儿领悟到自己的前生是一株老柳树，贺腊梅的前生则是一株梅花树，于是，他们便随着吕洞宾一齐入道成仙了。

## ⊙特色评点

　　岳阳楼具有"洞庭天下水，岳阳天下楼"的美誉，属于江南三大名楼之一，而且还是唯一保持着原貌的国家级文物保护单位。与岳阳楼隔湖水遥之相望的君山上耸立着七十二峰，跟碧波浩瀚融为一体，景致非常迷人，一直让往来游客倾倒。山与水的衬托使得岳阳楼更具风韵。在唐朝

著名的岳阳楼

之前，岳阳楼主要是以瞭望功能作用于军事上。唐朝以后，岳阳楼才慢慢发展成历代游客与风流雅士观光游览、吟诗作赋的场所。唐代的很多大诗人都接踵而来，在岳阳楼上留下了大量的名篇佳句，让岳阳楼蒙上了一层浓郁的文化意蕴。

# 天下江山第一楼

## ⊙风采展示

被誉为"天下江山第一楼"的黄鹤楼位于我国中部最大的城市——武汉市的蛇山上。从古至今，它都跟湖南的岳阳楼和江西的滕王阁一起，被合称为"江南三大名楼"。

自古以来，黄鹤楼都有"千古名楼""天下绝景"的赞誉，由于不同时代的社会生活需求不同，科技水平不同，人们的审美观念也各不相同，所以，黄鹤楼呈现出了各种不同的建筑形式与风格。如今，出现在人们眼前的黄鹤楼是参照清代的建筑模式，1981年开始重建，于1984年建成的。从外表看上去，黄鹤楼是一栋五层式的建筑，高达51米。但实际上，黄鹤楼里面有九层。在我国的古代，单数被称为是阳数，双数被称为是阴数。而"9"正好是阳数之首，与汉字中"长久"的"久"字同音，有"地久天长"的含义，而且在古代，"九五至尊"的说法非常流行。这些数字特征，也体现出了黄鹤楼的不同凡响。

在不同时期，黄鹤楼的建筑特点也各不相同。在宋代，黄鹤楼是由主楼、台、轩、廊等组合起来的建筑群，主楼建造在城墙之上，四周由雕栏护着，分为两层，顶层是十字脊歇山顶，周围环绕着一些小亭画廊，这一时期的建筑风格特征是主次分明，布局严谨，巍峨

黄鹤楼

雄浑；元代的黄鹤楼沿袭了宋代黄鹤楼的主要建筑风格，但是，在布局和结构等方面有了一定的发展，这时，还出现了植物的配置，让原本简单的建筑空间变成了浓荫的庭院空间，显得更加优雅宜人；到了明代，黄鹤楼主楼高为三层，楼顶的建筑风格为重檐歇山，顶上有两个小歇山，楼前有一处小方厅，入口两侧环绕着一道粉墙，显得非常清秀可爱；到了清代，黄鹤楼的特色就更加明显了，它的个头长高了不少，拔地而起，高耸入云，显得神奇而壮美，建筑的格调以三层八面为特点，主要建筑应合"八卦五行"的意蕴，显得尤为奇妙；现代的黄鹤楼则以清朝同治时期的黄鹤楼为雏形，重新设计而成，主楼是钢筋混凝土仿木结构，由72根大柱支撑起主楼，有60个翘角，层层凌空，上边装饰着富丽堂皇的琉璃黄瓦，还有五层飘逸的飞檐斗拱。

千古名楼——黄鹤楼

**⊙趣闻链接**

你知道黄鹤楼是怎么来的吗？关于它的建楼传说，可真是精彩纷呈呀！其中，有一个传闻更是广为流传。

据说，在1 000多年前，有一个姓辛的老人在蛇山上开了一间酒馆，一个道士经常来他这儿喝酒，但每一次都光喝酒而不买下酒菜，常常用自己随身而带的水果下酒。辛老板认为这个道士一定非常清贫，所以不肯收取他的酒钱，道士也就不加推辞，欣然接受了，并跟酒馆老板结为朋友。有一天，道士用橘子下酒，喝完酒之后，便用橘子皮在酒馆的墙壁上画了一只黄鹤，并自言自语地说："来这里的客人只要拍拍手，黄鹤就会飞下来。"说罢，他就离开了，并且再也没有回来过。来酒馆喝酒的人听说这件事后，便想试试看，于是，有人对着墙壁上的画拍了拍手，那只黄鹤果然马上就展翅飞了下来，并在酒馆外边飞舞一圈之后，才回归到原来的位置上。这个奇观马上四处传开了，来酒馆喝酒的人络绎不绝，就连酒馆中的井水也全部都用完了。当地的一名官员心生贪念，于是以除妖为借口，把那面墙壁搬到自己的官府去，没想到在半路上，那只黄鹤就抖动着翅膀飞走了，贪官连忙去追赶黄鹤，却因此而葬身在了茫茫大江中。

后来，卖酒的辛老板为了怀念友人、纪念仙鹤，特在酒馆的原址上建起了这座黄鹤楼。

天下绝景之黄鹤楼

14

## ⊙特色评点

　　黄鹤楼是我国江南三大名楼之一，也是我国著名的旅游胜地，具有"天下绝景"的称号。历代的文人墨客都喜欢来这里游览，并留下了很多脍炙人口的名篇，其中，著名诗人崔颢的《黄鹤楼》更是成就了此楼"文化名楼"的地位。自此，黄鹤楼更加声名大振了。

# 古建筑中的巅峰代表

## ⊙风采展示

滕王阁是我国南方唯一的一座皇家建筑，也是古典建筑中的巅峰之作，它雄踞于江西省南昌市的赣江边，始建于唐朝永徽四年。

在古代，滕王阁一直被人们当作是一座吉祥的风水建筑。因为在中国古代习俗里，但凡人口聚居的地方都要有一座风水建筑，这种建筑一般是指当地最高的标志性建筑，因此，只有最高的建筑才能聚集天地之灵气，吸取日月之精华。而滕王阁正是这样的一座标志性极强的建筑物，所以，它在世人心目中占据着无可比拟的神圣地位，在历朝历代都受到了无微不至的呵护。此外，滕王阁还是古代人们储藏经史典籍的地方，可以说是古代的图书馆。那些封建士大夫们也喜欢在这里迎送和宴请宾客，明代开国皇帝朱元璋就曾在滕王阁上设宴，并命人赋诗填词。

滕王阁建成之后，历经了宋、元、明、清数代，先后修葺了28次，每一次修葺之后，建筑形式都会或多或少地发生变化。今天我们所看到的滕王阁沿袭了宋式建筑的风格。然而，唐宋一脉相承，宋代的建筑也是唐代建筑的继承与发展。在宋朝，楼阁窈窕而多姿，建筑造型的艺术达到了鼎盛时期。

滕王阁

16

滕王阁的主楼高达57米多，建筑面积超过了1万多平方米。在滕王阁的下部，有12米高的象征着古代城墙的台座，其分成上下两级。主阁由外面看上去是一栋三层带回廊的建筑，但事实上，它的里面有七层结构，也就是有三个明层、三个暗层，再加上顶层。滕王阁一律采用了碧

古代建筑的巅峰——滕王阁

色的琉璃瓦，正脊鸱吻是仿宋物，有3.5米高。阁楼上的勾头和滴水都是特制的瓦当，勾头上有"滕阁秋风"四个大字，滴水上则是"孤鹜"的图案。在台座的下边，有两个贯通南北的瓢形人工湖，在北湖上，建着一座九曲风雨桥。

滕王阁的色调绚烂而又华丽，其梁枋上的彩画沿用了宋代彩画中的"碾玉装"的主要格调。室内外的斗拱上则以大红基调为主，拱眼壁也是由这种颜色绘制而成的，底色则用的是奶黄色。室内外的梁枋中，明间用"碾玉装"，次间用"五彩遍装"，天花板上每层的图案都各有各的特点，支条是深绿色的，井口线是大红色的，十字口是栀子花状。椽子和望板都是大红色的，柱子油漆是朱红色的，门窗也是红色的，室外的栏杆则是古铜色的。

## ⊙趣闻链接

唐代的著名才子王勃的一首《滕王阁序》流传至今，享誉文坛。在为滕王阁作序的时候，王勃还与豆豉结下了一段不解之缘呢！

当时，王勃路过洪州，被邀请到滕王阁作序。年少气盛的王勃欣然命笔，一气呵成，这让阎都督对其赞赏有加。于是，他连日宴请王勃。由于阎都督贪杯又加上感冒的缘故，竟然浑身不舒服，夜不能寐，医生主张用麻黄对其医治。

但是，阎都督却对麻黄过敏，这让医生们一筹莫展，如果不用麻黄，他的症状是极难缓解的。正在这时，王勃前来告辞，他见众医束手无策，心想能不能用豆豉来试一下呢？虽然医生和连阎都督都不相信豆豉能治病，但在王勃的劝说下，阎都督还是答应一试。没想到，连服三天豆豉后，果真有了效果，几天后阎都督就痊愈了。

从此，洪州开始广种豆豉，并且行销至大江南北，经久不衰。

### ⊙特色评点

滕王阁是我国江南三大古典名楼之一，是我国古代建筑中的杰出代表，它不仅风格独特，还象征着中华五千年文化、艺术和传统的积淀。唐代著名才子王勃的《滕王阁序》让其在"江南三大名楼"中最早扬名天下，所以，滕王阁又被誉为"江南三大名楼"之首。此外，滕王阁还被称为我国古典建筑中的巅峰代表之作，可见其建筑艺术在我国历史上的地位。

美丽的滕王阁

# 最古老的木结构高层建筑

## ⊙风采展示

　　天津市蓟县县城内有一座我国最古老的木结构高层建筑，它就是名誉中外的千年古刹——独乐寺。独乐寺始建于唐朝贞观十年，由大唐名将尉迟恭奉唐太宗之命所建，后于大辽统和二年重建，随后在朝代的变更中，分别在明朝万历年间，清朝顺治、乾隆、光绪年间得到了维护与修缮。在乾隆十八年的修缮中，增砌了照壁，还增设了四根擎檐柱于观音阁重檐上下，同时增建了独乐寺行宫。现存独乐寺占地面积约1.6万平方米，主题建筑包括了山门、观音阁、韦陀亭和报恩院。独乐寺的山门面阔五间，进深两间，山门屋顶建有5条脊，四面呈坡面，四面檐角像展开的翅膀，似飞非飞的样子，山门的建筑风格为典型的唐代风格，也是我国现存最早的庑殿顶山门。山门上悬挂着由明代严嵩所题的"独乐寺"门匾，山门内塑有辽代彩塑作品哼、哈二将两尊天王佛像，守护着独乐寺。独乐寺山门正脊上有我国现有古建筑中历史最长久的鸱尾实物，鸱尾的尾巴翘向内里，看着好像雉鸟飞翔的样子。

独乐寺

　　观音阁楼高有23米，全楼全部采用木质建造，将我国木

19

结构建筑技术集于一身，也是我国现存最早的木结构阁楼。从外面看，观音阁只有两层，是一座三层的木结构建筑物，在底层与三层之间还夹着一个暗层，这个暗层是用腰檐和平坐栏围绕修建而成的。阁内塑有一座16.27米的观音菩萨像，这尊观音菩萨像是辽代的彩塑作品，也是目前国内最大的观音像。这尊观音像穿过阁楼二三层，直入阁楼顶层的八角藻井之中。观音像低垂双目，嘴角含笑，面容十分传神，惟妙惟肖，将观音平和、亲近之意传达无遗。雕刻的工匠们为了显示观音的佛法无边，在头顶上又塑造出十个小观音像，因此这尊观音又有"十一面观音"之称。观音像的两旁侍立着两尊菩萨，容貌安详，体态丰盈，与我们常见的唐代仕女一般。

观音阁四面的墙上绘制着五彩缤纷的壁画，从风格与内容来推测，这些壁画是明朝修缮时增添的，为这宏伟的观音阁增添了不少的色彩。

在观音阁的北面，有一座明代修建的韦陀亭，这在一般的寺院并不多见。同样建于明朝时期的还有报恩院，报恩院于乾隆年间重建为四合院样式，是僧人们礼佛的重要场所。

观音阁

在经历了五代十国、隋朝之后，动荡的年月已经远去，天下安定，唐太宗李世民想到天下苍生疾苦，就派大将尉迟恭修建一座寺庙。唐太宗想要建一座与众不同的寺庙，就跟尉迟恭说："这座寺，不能用普通寺庙用的砖瓦，不能用钉子，而且寺庙阁楼要高，塑造的佛像要大。"尉迟恭领了唐皇的旨意便找来了工匠，将唐皇的旨意告诉了工匠们，让他们尽快设计出符合皇帝要求的样式。

可是一个多月过去，十几个工匠设计的几十幅寺庙样式，没有一幅符合唐皇的要求，尉迟恭非常着急，晚上就一个人喝闷酒。就在他喝得迷迷糊糊的时候，看见一个白胡子老翁推门进来了，手里拿着一盏灯笼。白须老翁进门后将灯笼放在了桌子上，坐在尉迟恭旁边，问道："将军，这是怎么了，怎么一个人喝闷酒呢？"尉迟恭就把唐皇要求建寺庙的事情跟老翁说了。白须老翁摸摸雪白的胡须，说道："将军请看，这盏灯笼如何？"尉迟恭凑近一看，这盏灯笼非比寻常，从外面看是两层，但是中间又暗夹着一层，从一层中间可以通过顶层阁顶，这不正是皇上要求的样子吗！尉迟恭赶紧就问老翁："老人家，你这灯笼卖不卖？"白须老翁笑了笑说道："将军，我是专门来送这盏灯笼给你的。"说完转身就走了，尉迟恭起身要追，却从桌子旁栽倒在地上，原来是个梦，可是梦里灯笼的样子，他却实实在在地记住了，没等天亮就把工匠们集合在一起，把梦见的灯笼样子跟工匠们讲了，工匠们根据他的描述，很快就画出了式样图。

独乐寺内部

有了白须老翁的启发，很快寺庙就建好了。这就是独乐寺由来的故事。

## ⊙特色评点

独乐寺不仅是我国现存的历史最悠久的高层木结构楼阁式建筑，同时拥有我国最大的泥塑观音菩萨像，也是仅存的三座辽代寺庙之一。独乐寺从始建至今已有1 000多年的历史，从史载的战乱、自然灾害到1976年的特大地震，独乐寺经历了大自然无数次洗礼，却依然屹立不倒，显然，与它特有的建筑方式有很大关系。

# 中国第一古刹洛阳白马寺

## ⊙风采展示

河南省洛阳市老城区往东12千米处，有一座古刹，距今已有1 900多年的历史了。它整体上呈坐北朝南姿态，北依邙山，南靠洛水。近2000年来，就这样安静地坐落于长林古木之中，它就是我国第一古刹——白马寺。

白马寺始建于东汉永平十一年。当时，印度两位高僧迦叶摩腾和竺法兰用白马驮载着经书，到洛阳僧院来传教。汉明帝为了铭记白马驮载经书的功劳，于是把他们下榻的僧院赐名为"白马寺"。

白马寺是佛教传入我国后，官方建造的第一座寺院。因此，它可以称得上是我国佛教的发源地，被中外佛教界人士誉为"释源"和"祖庭"。值得一提的是，在白马寺被命名之前，我国的寺院通称为"僧院"，汉明帝赐名"白马寺"后，我国的僧院便被泛称为寺院了。

跟很多古建筑一样，白马寺随着朝代的变更，屡遭破坏，经历了几度兴废。中间经历唐朝、明朝、清朝以及20世纪70年代的重建修缮，才得以保存至今。尤其是在唐朝武则天时期，作为地处东都的洛阳，白马寺的兴建修缮是规模最大的，鼎盛时期曾有僧侣1 000多人。安史之乱开始后，不但东都一片荒凉，白马寺也遭到了很大的损毁，直到今天人们还能在清凉

白马寺

台西侧看到几尊幸存的唐代石础。

白马寺坐北朝南，建筑群整体呈长方形，现存有五重大殿、四个大院以及东西厢房，建筑多以明清时期为多，占地面积约有4万平方米，整座寺庙布局规整，风格古朴。五重大殿以寺院中轴线依次从南往北为：天王殿、大佛殿、大雄接引殿、毗卢殿。每座大殿均供有佛像，天王殿供奉的是弥勒佛，弥勒佛在佛教传说中就是继承释迦牟尼佛祖之位的佛，也被称为未来佛，殿内两侧为泥塑的四大天王像；大佛殿供奉三尊佛像，中间为释迦牟尼佛，左边为摩诃迦叶，右边为阿难，这三尊佛像的排列构成了佛教禅宗的一个典故"释迦灵山说法像"，也就是我们常说的佛祖"拈花一笑"的故事；大雄殿供奉的是婆娑世界的释迦牟尼佛、东方净琉璃世界的药师佛、西方极乐世界的阿弥陀佛，也就是三世佛，三世佛的佛像前站立着手持法器的佛教守护神韦驮、韦力的塑像，殿内两侧塑立十八罗汉的塑像；接引殿是白马寺中最小的建筑，殿内供奉西方三圣，阿弥陀佛立像、手持净瓶的观世音菩萨、手握摩尼宝珠的大势至菩萨；毗卢阁位于寺内的后院，坐落于一座长43米，宽33米，高5米的清凉台之上，阁内供奉的是佛教中的"华严三圣"，毗卢阁的东西佩殿里还供奉着迦叶摩腾、竺法兰两位高僧的塑像。

天王殿

## ⊙趣闻链接

和很多古刹一样，白马寺也有属于它的传说和故事：

据史料记载，在东汉以前，我国宗教主要以道教为主，佛教并不受世人所熟知，佛教的光大与东汉皇帝汉明帝有关。有一天晚上汉明帝做了个梦，梦里看到一个浑身被金色光环笼罩的人从遥远的西方缓缓而至，行到御殿前。汉明帝很想知道这个出现在他梦里的到底是什么时代的人，于是第二天早朝时就把自己的梦告诉了群臣，然后问梦里的人到底是何方神圣。众大臣都低头作不语状，唯有博学多才的太史傅毅出列对着汉明帝说道：臣听闻在遥远的西方天竺有个得道的僧人，被世人称为佛，他浑身笼罩着金光，能够置身于虚幻的空中。陛下，您梦见的可能就是佛吧。于是汉明帝派遣了13名使者前往天竺访求佛道，使者们于三年后连同迦叶摩腾、竺法兰两位高僧，用白马驮带着一批佛像、经书回到中土。汉明帝很高兴，下令在都城洛阳建造了一座寺庙，用来安置远道而来的两位高僧以及经书、佛像等宝贵物品。为感谢白马驮书之功，将寺庙命名为白马寺，这就是白马寺的由来。

## ⊙ 特色评点

这座坐落在邙山、洛水之间的白马寺，从建寺至今已逾近2000年，历经朝代变更、战火洗礼，承受多次兴衰而依然屹立不倒，被称为我国第一古刹真是名至实归。白马寺现存遗址建筑多为明清时期，唯有大雄殿的十八罗汉塑像为元代所塑，塑造方法用一种叫"夹苎干漆"的工艺，使用这种工艺制成的佛像都是空心的，用一只手就可以举起来。

中国第一古刹洛阳白马寺

# 传说中的仙境蓬莱阁

## ⊙ 风采展示

我国有很多关于蓬莱仙境的传说，说那是神仙们居住的地方。其实蓬莱仙境确有其处，山东省烟台蓬莱市就有一处蓬莱仙境，它位于丹崖极顶的蓬莱阁。

蓬莱阁位于蓬莱市丹崖山山巅，依山傍海，站在蓬莱阁上能看海雾缭绕，偶尔还能看到海市蜃楼，仿若置身于仙境之中。历史上秦始皇出海寻访长生不老之药、八仙过海的传说皆出于此。

蓬莱阁是我国古代四大名楼之一。蓬莱阁始建于宋朝嘉祐年间，距今已有近千年历史。初建时，蓬莱阁坐落于傍山靠海的丹崖山山顶，建坐北朝南阁楼一座，高15米。蓬莱阁使用双层木结构，阁外四周建以明廊，使人能够登高远眺，观赏海市蜃楼的奇观。

在时代的变迁中，蓬莱阁先于明朝万历17年修缮，并于蓬莱阁周围增设了一批建筑；后又于清朝嘉庆二十四年在知府杨丰昌、总兵刘清和的主持下，在原有建筑的基础上继续增建一批建筑，让蓬莱阁的规模更加扩大了。

远观蓬莱阁

经过多次修缮，增建后的蓬莱阁由天后宫、龙五宫、吕祖殿、三清殿、弥陀寺、蓬莱阁六大主体建筑以及附属

26

的各类建筑，组成了一片有宋朝、明朝、清朝三朝风格的古建筑群，总面积达到了1.89万平方千米。

蓬莱阁盘踞丹崖山山顶，处于极顶，站在蓬莱阁上可以观赏到丹崖山峭壁兀立在一片

美丽的蓬莱阁风景

碧绿的海面上；偶然从海面飘来的云雾在山间缠绕，将蓬莱阁团团围绕，让人仿若置身仙境之中，看云山云海，一片空灵，这也是蓬莱阁著名的景观之一——仙阁凌空。

蓬莱阁还有一著名景观——渔梁歌钓。蓬莱阁山下海中有一片礁石高出海面，远远看去，好像一道道鱼骨，被当地人称为渔梁。经常有三五老人坐在渔梁边上垂钓，钓上鱼来就在渔梁之上生火烹煮，就着小酒怡然自得，兴极之时，高歌一曲，一派桃源之景，让蓬莱阁上的游人羡慕不已。

蓬莱阁最著名的景观还要属海市蜃楼了，在春夏之际站在蓬莱阁明廊之上向海面眺望，不时能看到海市蜃楼的景观，使得春夏时节很多人慕名前来观赏这一奇观。蓬莱阁的这一奇景也被众多文人墨客所青睐，阁里留有各朝各代名人学者的题诗，其中要属清代书法家铁保书所写"蓬莱阁"三个苍劲大字最为著名。这三个大字被镌刻在横匾上，悬挂于蓬莱阁中。

## ⊙趣闻链接

蓬莱阁素来有仙境之称，在传说中，蓬莱、瀛州、方丈是东边海上的三座神山，山上居住着很多神仙，很多祈求长生不老的人都曾前往茫茫大海之中寻找传说中的神山。

在关于蓬莱阁的传说中，"八仙过海""秦始皇求仙访药"最为人熟知。传说，吕洞宾、铁拐李、张果老、汉钟离、曹国舅、何仙姑、蓝采和、韩湘子八仙相聚于蓬莱阁，登高远眺，饮酒作诗，兴致极高，很快就喝醉

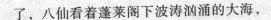

了，八仙看着蓬莱阁下波涛汹涌的大海，想要趁着酒兴漂洋过海去蓬莱岛上寻友，可是大家都喝醉了，要怎么渡过这片大海呢？只见八仙纷纷拿出自己的宝器，踏于凌波，漂洋而去，留下了"八仙过海，各显神通"的美丽传说。

蓬莱阁

蓬莱阁下有一蓬莱水城，水城所处的地理位置，古往今来一直都是一座军事要塞，傍山临海，可守可攻。相传为秦始皇寻找灵丹妙药的徐福就是从这里乘船向东而去，到蓬莱岛为秦皇寻找长生不老药。

蓬莱阁历代以来都是文人雅客聚集之地，蓬莱客依山而建，各处建筑层层而上，高低错落有致，登临蓬莱阁远眺，广阔的海面，远处时隐时现的长山列岛，让人心旷神怡。

## ⊙特色评点

悠久的历史长河，为蓬莱阁营造了无数关于它的神话传说，让处于山巅，常年被海雾围绕的蓬莱阁更是增添了神秘色彩，吸引无数游人到此观赏。

蓬莱阁不仅素有仙境之称，其整体建筑包含宋朝、明朝、清朝等历代建筑风格，也是一座宝库，而位于阁下的蓬莱水城更是在我国海港建筑历史上占有重要的地位，有着极高的文物研究价值。蓬莱阁上众多名人所题的诗词，也一座文化宝库。

从大雁塔到东方明珠

# 禅宗古刹，江南灵隐

## ⊙风采展示

"鞋儿破，帽儿破，身上的袈裟破……"当熟悉的音乐声响起的，你是否想起了那个疯疯癫癫，好打抱不平的疯和尚道济呢？你知道吗，这道济的挂单之处，正是江南的名刹——灵隐寺。

灵隐寺坐落在被称为人间天堂的杭州西子湖畔，位于灵隐山麓之上，其背后是北高峰，前面临着飞来峰，两峰挟峙，山上的树木郁郁葱葱，还有云烟环绕，其景观十分美丽。

灵隐寺始建于326年，到现在已经有1 700多年的历史了，是杭州最早的名刹，也是中国佛教禅宗十大古刹之一。相传，灵隐寺的开山祖师是西印度慧理和尚，他在东晋咸和初年，由中原云游入到浙江，然后到武林，也就是现在的杭州。他在这里看到了一座美丽的山峰，于是就感叹着说："这是天竺国灵鹫山上的一小岭，不知是什么时候飞来的？佛在世的时候，大都是隐藏起来的。"于是，他在峰前建了一座寺，并把它取名叫灵隐寺。

灵隐寺在鼎盛时期，曾有九楼、十八阁、七十二殿堂，还有僧房共1 300间，僧人们多达了3 000余人。自从创建以来，灵隐寺就先后被毁建了十多次。经过了1956年和1975年两次整修，才成就了现在人们所看到的模样。

游人可以从"咫尺西天"的照壁

灵隐寺

往西进入灵隐寺，先来到理公塔前。理公塔就是慧理和尚骨灰埋葬的地方，这座塔高达八米多，是一座石塔，有七层八角，位于飞来峰的岩石旁边，与周围景色融为一体，其右边便是春淙亭。我们可以看到一道红墙把灵隐寺给遮住了，左边是飞来峰与冷泉，泉边的风景幽深，十分引人入胜。

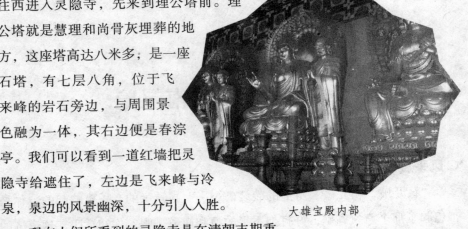

大雄宝殿内部

现在人们所看到的灵隐寺是在清朝末期重建的基础上修复而成的，它的布局与江南其他寺院的布局大致相仿，修建时采取"伽蓝规制"的纵深布局方针，在修复的过程中，以改革原本遗留的中轴单调形式和殿堂残缺的缺陷为主，在殿堂规模的设计上精益求精，尽量恢复其原貌。

灵隐寺内的主要建筑是天王殿和大雄宝殿。在天王殿入口处，有一座已经有两百多年历史的弥勒佛坐像，其背后的护法天神韦驮像则是南宋时期的作品。另外，大雄宝殿高达33.6米，是目前我国保存最好、最完善的单层重檐寺院建筑之一。在大雄宝殿的殿内正中间，贴着一坐金色的释迦牟尼像，高达9.1米，加上佛光顶盘莲与花底座，整体高度达到了19.69米，坐像是由24块香樟木拼雕成的，显得精细而且庄严。

## ⊙趣闻链接

关于灵隐寺前的飞来峰，有这样一段颇有趣味的传闻：

据说，有一天，灵隐寺中的济公和尚突然心血来潮，他掐指一算，便算知有一座山峰将从远方飞到这里来。在那个时候，灵隐寺前有一个村庄，济公担心这座飞来的山峰会把村民给压死了，于是，就跑到村里去，劝大家赶紧离开这里。这济公和尚平时老是疯疯癫癫的，特别喜欢捉弄人，所以村民们都不相信他说的话，以为这一次，他又是在跟大家开玩笑，因此，村民们都没有搬家的意思。眼瞅着那山峰就要飞来了，这下，济公和尚可着急啦。只见他立马冲进一户娶新娘的人家，抢走了正在拜堂的新娘子。村里的人见他抢走了新娘，全都呼着喊着追赶他。人们全都跑去追赶济公了，突然，一阵狂风刮过来，顷刻间就天昏地暗了，接着，只听一声"轰隆隆"的巨响，一座山峰就降落在了灵隐寺前，也压没了整个村庄。这时，人们才恍然大悟，原来济公这一次并没有骗大家，他抢新娘也是为了拯救大家而不得已为之。

## ⊙ 特色评点

灵隐寺是我国江南名刹，其中留下了许多佛教的著名典籍，敦煌石室藏唐人书《摩诃般若波罗蜜多经》，便是灵隐寺藏品中最古的一件文物。通过这端庄严谨、精熟优美的书法字迹，我们仍然能够感觉到佛法的庄严威仪和抄经手娴熟的书写技巧。这卷写经纸张经黄檗染制，经历了上千年而依然坚韧完好、轻盈光洁，没有丝毫损坏，极其难得。

灵隐寺是我国江南的一座古刹

另外，寺中典藏着很多其他非常珍贵的历史文化遗产，如《金刚经》册页，明代水陆画《庄严三宝图》、《佛顶心大陀罗尼经》、《花鸟图》、《十六罗汉图》等，极具收藏价值和研究价值。

# 天下第一宫——太清宫

⊙ **风采展示**

位于河南鹿邑的太清宫素有"天下第一宫"的称号，是因为历史上曾经有八位皇帝亲临此地祭拜过老子。

东汉延熹八年，也就是公元165年，汉桓帝刘志派人到河南鹿邑创建了一座老子庙，这便是太清宫的雏形。几百年之后，到了唐朝，唐高祖李渊为了能更好地统治天下，便想方设法来抬高家族的威望，认了老子为祖宗。他还特地派人在原本汉代建造的老子庙基础上进行扩建，其规模可以与当时京城的王宫相媲美，所以，太清宫也被称为是皇室的家庙。到了唐玄宗李隆基时期，又将太清宫进行了一次扩建，规模空前，占地面积十分广阔，方圆四十里的宫内建筑整齐有序地排列着，玉宇琼楼，金碧辉煌，显得宏伟而气势十足。

在唐代，朝廷常年派500名士兵镇守着太清宫。但是，在唐朝末期的黄巢起义中，太清宫遭到了毁坏，后在宋真宗年间被重建好，这次重建之后，规模比唐朝时期的要更大了。在之后的几个朝代当中，太清宫屡废屡修，金、元、明、清各代都留有重修太清宫的碑记。现存的太清宫主体建筑有五间太极殿。一根铁柱，三株古柏，九件碑刻以及一眼望月井。

那铁柱俗称为赶山鞭。事实上，太清宫的铁柱并非是人们所传说的赶山之鞭，而是专门用来纪念老子之物。太清宫太极殿前的两株古柏，是老子亲手种植的，距今已经有2 500多年的历史了。至于望月井，是因为到了每年的农历八月十五日这一天，如果风清月圆，天上的明月就会正投影于望月井的正中央，出现了真正"天上月是水中月"的美好意境。

太清宫目前存有众多的文物古迹，主要包括太极殿、三圣母殿、娃娃殿、阴阳柏、九龙井、望月井、灵溪池等。

目前的太清宫，大抵已恢复到盛唐时期的规模。它现在集文

太极殿

物保护、旅游观赏与宗教活动于一体，是我国最能体现老子文化的宫殿。它吸引了全球各地的游客。近年来，很多国家的人士纷纷不远万里来到鹿邑太清宫，他们有的是来观光的，有的是来考察或者祭拜的。

2007年开始筹建的老子文化广场，该广场是根据太极八卦图案设计而成的，以天地人和为建设内涵，具有极高的品位和极深的文化蕴涵。

## ⊙趣闻链接

太清宫的丹桂古柏是一处著名的景观。这里有两棵古柏，相传是老子亲手种植的，东西两棵虽然高度一样，但西边的那棵枝干扭结，像虬龙盘旋一般，虽然干瘦皮剥，却又不断生长着新枝，郁郁葱葱，非常奇妙。

那为什么西边的那棵树会干瘦皮剥呢？相传，唐太宗李世民曾派大将军尉迟敬德来太清宫朝拜，尉迟将军去烧香朝拜时，他的士兵却把马儿拴到了那棵柏树上，结果，马儿饿了就把树皮给吃掉了，但这柏树却没有死，仍然顽强地生长着，目睹着太清宫的风风雨雨。

关于这两棵古柏，民间还有一个特别有意思的传说。老子讲求阴阳的和谐统一，所以传说他种植的这两棵古柏也是阴阳各一棵。而且这两棵树旋转的方向跟八卦图中阴阳两鱼旋转的方向一样。据说，西边的那棵为阴，她杨柳细腰，袅娜多姿，正低着头害羞着呢！东边那棵则膀大腰粗的，为阳，他长得虎背熊腰，孔武有力。两棵古柏就像是一对夫妇，它们互相吸引，我中

有你，你中有我，和谐地厮守在时光深处。

## ⊙ 特色评点

太清宫是老子的诞生之地，道教文化的发源之
地，也是我国的重点文物保护单位之一。同时，太清
宫还是我国重要的国家级旅游景区。太清宫是名副其
实的老子故里、李姓祖根、道教祖庭、道家之源，其
更是我国旅游界的后起之秀，在中外旅客心中，堪称
"东方明珠"。

老子的诞生地——太清宫

# 二、藏在古典建筑中的装饰艺术

# 各具特色的屋顶构造

## ⊙风采展示

中国古建筑的屋顶形态具有"反宇飞檐"的特征，这种风格与西方建筑的形态迥然不同，它以美丽而端庄的形态为我国古代建筑在世界范围内赢得了广泛的赞誉。

作为我国传统建筑文化艺术的象征，屋顶是博大精深的中华文化投射于建筑艺术上的结晶。作为我国古典文化在建筑领域的产物，屋顶凝结着许多传统的文化因子，其中影响最大的便是儒家、道家、佛家的思想影响。尤其是在唐代以后，历代都提倡三教合一的理念，从而使得传统建筑文化底蕴更加深邃，这种深邃的文化凝结到了传统建筑的每一个元素当中，自然而然地也包括了屋顶这一部分。

在建筑发展的最初阶段，屋顶主要是专注于实用，所以其基本形态是直线形的"人"字结构，艺术特征主要表现为自然淳朴。后来，随着屋架技术的日趋成熟，开始呈现出一种"反宇飞檐"的具有浪漫情调和诗话智慧的屋顶艺术形式。从材质的角度来看，我国传统房屋是以砖木为主，根据材料的天然特性来看，自然生长的树形也是人们加以模仿的对象，譬如我国古典建筑中的"斗拱"造型就是典型的树冠型屋顶。

古代建筑庑殿顶

随着古典文化的深化，屋顶的艺术风格也越来越丰富了。根据统计，我国古建筑的屋顶大致有以下几种形式：庑殿顶、悬山顶、歇山顶、硬山顶、攒尖顶、盝顶等。其中庑殿顶、歇山顶和攒尖顶又可以分成只有一个屋檐和有两个或两个以上屋檐的形式。悬山顶、歇山顶、硬山顶则可以衍生出卷棚顶。

十字顶

我国古建筑屋顶除了表现了特有的功能之外，还象征着严格的封建等级，其等级从高到低依次为：重檐庑殿顶、重檐歇山顶、重檐攒尖顶、单檐庑殿顶、单檐歇山顶、单檐攒尖顶、悬山顶、硬山顶、盝顶。

除此之外，还有一些特殊形式的屋顶，如扇面顶、盝顶、万字顶、十字顶、勾连搭顶、穹窿顶、平顶、圆券顶、单坡顶、灰背顶等。

## ⊙趣闻链接

我们常常会看到一些古建筑的屋顶上有怪兽形态的装饰物，它们叫作吻。但你知道人们为什么会把这些吻设计成怪兽的形态吗？原来，这是用于"避邪"的。相传，正吻可以驱逐厉鬼，守护家宅的平安，还能冀求丰衣足食，护佑人丁兴旺呢！所以，在我国古代，不管建筑的等级是高是低，都会在屋顶上装饰着"龙"来避邪，并以此来彰显住宅的职权与地位。

古代的人认为，在宫殿、庙宇等屋脊上装饰"龙吻兽"能够避火灾，驱魑魅。最初的时候，这些吻兽并不是龙型的，多半是一种简单的翘突形动物，有鸟形以及鱼龙形的。到了宋代，龙形的吻兽急剧增多，到清朝时期就已经非常普遍了，不仅气势上非常雄伟，艺术形象也很完美。

人们把这些小兽依次排列在高高的屋顶上，象征着消灾灭祸、逢凶化吉。古人把屋顶装饰成走兽的样子，让古建筑显得更加雄伟壮观，富丽堂皇，并浑身散发着艺术的魅力。屋顶上的这些装饰物除了反映等级、避邪之外，还有一些其他方面的作用，例如起到了加固的作用。为了固定吻兽，就得用很长的钉子与屋脊相连，这样就加固了屋脊，也就加固了殿顶。

## ⊙ 特色评点

我国古建筑的屋顶，具有明显的封建等级特征。其中，庑殿顶是我国古代建筑中至高无上的一种建筑形式。它特殊的政治地位决定着它用材硕大、外形雄伟、富丽堂皇，具有极高的文物价值与艺术价值。屋顶是我国古代建筑中必不可

攒尖顶建筑

少的建筑部件，随着社会经济的发展，屋顶的装饰意味也越来越浓厚了。另外，在不同的时期，屋顶装饰艺术的风格也不尽相同，这为后人的考古学留下了诸多参考依据。

# 古建筑中的眼睛

## ⊙风采展示

匾额是古建筑中的必然组成部分之一，素来被称为古建筑的眼睛。它们悬挂于门屏上，起到了装饰的作用，并通过上面所呈现的内容，反映出了建筑物的名称与性质。此外，它还是一种能够表情达意的文学艺术形式。

关于匾额，也有这样一种说法，据说，横着的是匾，竖着的是额。一般情况下，匾额都被挂在门上方或者屋檐下。但是，有些建筑的四面八方都有一道门，这样一来，在建筑的四面都能挂上匾了。但凡正面的门上，是必须要有匾的，例如皇家园林、宫殿或者一些名人的府宅都是如此。很多匾额的周边边框上还雕饰各种图案，如龙凤或花卉、花纹等。有些还镶嵌有珠玉，显得非常华丽美观。在我国的历史长河中，匾额的形式各式各样，并以其高超的书法艺术和雄伟壮观的建筑风格相互配合，成为古建筑中一道绚丽的景观。

匾额是我国古代人们的生活技艺习俗，因此，也形成了特定的惯制和表现方式，并在我国大地广为流传着，成为一种帝王将相和黎民百姓共享的富有我国民族特色的习俗。不管是汉族的亭台，还是客家的楼阁，不论是内地的院落，还是台湾新竹的城隍庙，匾额都以润物无声方式，亦情亦景地体现着我国的古老习俗。

匾额在我国的建筑当中，历

匾额

来起到了"画龙点睛"的作用，在我国历史悠久，源远流长。匾额最早产生的具体年份现在已经难以考证了，根据推测，可能是秦代或者更为久远的年代。匾额最早是用来为建筑物命名的，对亭台楼阁都配以恰当的名称，这样既可以提升建筑物的整体格调，又展示了主人的心境意趣。在后来的发展过程中，匾额逐渐融镌刻书法、字号招牌于一体，起着协调人际关系、促进商业发展的作用。这种演变，不仅需要文人雅客的书法雕刻艺术与言辞匠心，而且需要民间手工艺人的精雕细作。所以说，匾额是我国古代文人智慧和民间技艺相结合的综合性产物。

匾额融入了我国独特的传统文化，一方小小的匾额，往往包含了我国古典文化的诸多内容，如诗词歌赋、书法篆刻、建筑艺术等，集印、字、雕、色于一体，以凝练的诗文，深远的寓意，精湛的书法以及精美的雕刻描述着我国的古典文明。它被广泛地应用到了宫殿、寺庙、牌坊、商号、住宅等建筑最起眼的位置上，成为了我国传统文化最显眼的标志。我们可以试想一下，倘若一座气势恢宏的楼阁，一院红砖碧瓦的大宅却没有匾额，这还像话吗？

独具特色的匾额

## ⊙趣闻链接

一名收藏家近期获得了两块古色古香的匾额，它们款式相同，大小也一致。这引起了收藏家的沉思：这两块匾额是送给同一人的吗？还是送给这户人家的两位名人的呢？难道这户人家在当时的名望地位很高？在这两块匾额悬挂过的家宅中，曾经发生过哪些感动乡里的故事呢？然而，在这两方小小的匾额当中，我们却无法窥测到它背后的故事。

我们只能看到匾额的四个角上镶嵌着一些草龙花纹，上方中央有一只蝙蝠，下方中间是寿字纹样，代表着"福天寿地"的意思。其中一块镌刻"相敬如宾"的字样,另一块则刻着"寿缘德致",字体古朴而又端庄。看着匾额上的落款年代,我们可以得知这两块匾额相差了19年的距离。根据研究,这两块匾额应该是出自同一个地方,晚清宝鸡县的一户朱姓人家。

时光荏苒,许许多多的古建都在历史的风雨中倒下了,湮灭了。许许多多发生在那些楼台亭榭、深宅大院里的故事也慢慢被历史所遗忘。在这些建筑的部件当中,只有匾额才完整地被保存了下来,在废墟中被所人们发现,然后流传至今。在当今的很多古玩市场中,一方方匾额并不显山露水地沉默着,因为它们常常有太多的故事,却无从说起。

## ⊙特色评点

匾额是我国古典文化的浓缩,从一方匾额当中,我们可以直观地了解到书法艺术和雕刻艺术。如果从更深层次来挖掘的话,可以了解到匾额是集文学、诗词、职官制度、科举制度、礼仪、称呼等于一体的综合性艺术品。每一块匾额中都藏着故事,藏着一个家族的辉煌历史,后人可以

古建筑中的眼睛——匾额

通过匾额去研究这些历史,从而了解到那个时代的社会背景与时代风尚。

# 盛开在室内的天花

## ⊙风采展示

　　天花是我国古建筑中一种常见的重要装饰艺术，"天花"这个词始称于清朝时期，在此之前的每个朝代都有着各自不同的称呼。作为古代最重要的建筑装饰，天花也体现除了建筑的封建等级。在古建筑中，特别要求房屋要"覆盖"起来，产生一种"蓬荜生辉"的美感。于是，天花就应运而生了。

　　古代建筑中的天花，具体可以分成两种。一种是"露明"的方式；另一种是"天花"的方式。"露明"是指不带顶棚的，也就是把"上架"中的梁、枋、檩、椽都暴露在室内，让屋顶层的内部空间和内里空间相融合，让整个室内都变得更大、更高、更明敞，于是，"上架"的构件也自然地成为了一种装饰手段，这大多用于寺庙佛殿、陵寝祭殿以及宫殿组群中的门殿，以便营造出更加高爽、深幽、神秘的气氛。

　　而"天花"的方式则可以分成以下三个种类：

古代建筑天花

　　第一种软性天花，这是用于一般的住宅上的，用秫秸札架，再糊上纸，这也属于纸糊天棚。在一些府第宫殿，用这种天花时会更讲究一些，往往会用木顶格，然后贴梁组成骨架，下面则裱糊，形成"海墁天花"。这种天花表面非常平整，而且色调淡雅，显得明亮而又亲切。

第二种是硬性天花，又叫作"井口天花"。这是由天花梁枋和支条组成的井字形框架，然后往上钉上天花板。板上则绘制着一些团龙、团鹤、翔凤、花卉等图案，还可以有一些精美的雕饰。这类天花适合用于比较高大的空间，这样才能彰显出隆重与端庄。

第三种是藻井。这是对天花的重点部位进行处理，一般运用于宫殿、坛庙、寺庙大殿、帝王宝座以及神像佛龛的顶部，看上去就像是一个高起的华丽伞盖，突出了中心部位的庄严与神圣，突出了空间的构图和意象氛围。藻井在天花中属于最高的等级，历朝历代都把它归列为内檐装修中的尊贵体制。

天花上的彩绘是最具艺术性的表现部分，这些彩绘的纹饰一般与建筑所处的位置和用途有关系，比方说紫禁城的前三殿和后三宫，由于位于建筑的中轴线上，又加上是帝后使用的殿堂，所以这里的天花用的是金龙或龙凤的图案。而其他妃嫔所居住的宫殿及园林建筑中的天花彩画，一般是采用百花、祥鹤等活泼生动的题材。其他宗教殿堂中的天花彩绘则有着非常浓郁的宗教色彩，莲花是其中一种很常见的装饰图案。随着佛教艺术的传入，印度、波斯和希腊的一些装饰纹也开始在我国流行起来，尤其是莲花纹、火焰纹、卷草纹，以及璎珞、飞天、狮子、金翅鸟等图案。

美丽的建筑天花

## ⊙趣闻链接

目前，我国古代留下来的天花已经不多了。那么，我们要在哪儿才能一睹古代最重要的建筑装饰——天花的风采呢？

在紫禁城坤宁宫的乾隆花园倦勤斋西边，有一处海漫式天花，上面的彩绘是藤萝，与竹饰的壁画、木雕竹纹小戏台还有旁边的竹篱笆相映成趣，连成一片，共同构造成了一座美丽的室内花园，非常具有观赏性。而古华轩、乐寿堂、碧螺亭木质雕刻的天花更是富丽典雅，堪称天花中的经典之作。

在紫禁城的景德崇圣殿，这里的天花成棋盘状，数量非常多，总共有707幅，并绘着金龙和玺彩画。景德门至今还留有一间雍正年间的天花，叫作金莲水草天花。这三朵莲花，水草的颜色也非常纯正。三朵莲花象征天皇、地皇、人皇。天皇就是玉皇大帝，地皇是阎王爷，人皇是皇帝。

但这里有一间天花的摆放显得凌乱，这是因为在近二百多年里，这儿的天花有时会被大风给刮下来，一些好心人就把它们拣起来，再安装上去，但在安装的过程当中，往往没有注意到图案的朝向。长此以往，在风雨的打击下，一块块天花就这样不断地落下又装上，最后就难以复位了，所以，它们现在看上去显得有点乱。

## ⊙ 特色评点

天花是我国古代建筑中的重要装饰艺术，它还可以表现出建筑物的等级。室内设置的天花，主要有防尘、保暖、调节室内空间的高度以及美化室内环境的作用。天花板上的彩绘非常漂亮，具有极高的艺术价值，是我国古代建筑艺术中的重要的组成部分。

# 古代室内装饰的宠儿

## ⊙风采展示

屏风，是我国古代室内装饰中的宠儿，是我国古时建筑物中用来挡风的一种家具，早在3 000多年以前的周天子时期，它就已经出现了，是名位与权力的象征，为天子的专用器具。

后来，经过不断地演变，屏风的功能渐渐增多了，有了隔断、防风、遮隐的用途，同时，也起到美化空间与点缀环境的作用。因此，它才得以经久不衰地流传到如今，并衍生出各种各样的表现形式。

刚刚诞生的屏风，是专门设计在皇帝宝座后面的，当时称作"斧钺"。斧钺以木为框，上面裱着绛帛，画着斧钺，象征着帝王的权力。后来，经过一段漫长时间的发展，屏风开始走进寻常百姓之家，并在民间普及，成为古人室内装饰中的重要组成部分。

屏风的制作形式非常丰富，主要包括了立式屏风、折叠式屏风等。后来，还出现了纯粹作为摆设的插屏，这些插屏娇小玲珑，非常有趣。在古代，那些富贵之家的屏风制作特别讲究，在选材上会用到云母、水晶和琉璃等颇为稀有的材料，在镶嵌上，还用到了象牙、珐琅、玉石、翡翠、金银等贵重的点缀物。插屏虽小，但极尽奢华。但是，民间的屏风则大多是实用朴素型的。

屏风的种类众多，一般可以按照形制、题材、材质

屏风

45

以及工艺来划分。按形制来划分，可以把屏风分为插屏、折屏、炕屏、挂屏、桌屏这几种；按题材来划分，屏风可以分为历史典故、宗教神话、文学名著、山水人物、民间传说、龙凤花鸟，还有把书画装裱在屏面上以及直接在屏面上书法绘画的。此外，还有一些非常高雅别致的博古屏风，它们以古香古色的器皿和精美配饰件当作题材，还配着插花，别有一番书卷气息。

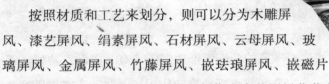

室内插屏

按照材质和工艺来划分，则可以分为木雕屏风、漆艺屏风、绢素屏风、石材屏风、云母屏风、玻璃屏风、金属屏风、竹藤屏风、嵌珐琅屏风、嵌磁片屏风等。而且采用不同的工艺所制作出来的屏风往往各有千秋，如玉石镶嵌类的屏风层次分明，玲珑剔透；雕填戗金类的屏风线条流畅，富贵典雅；金漆彩绘类屏风则色彩艳丽，璀璨锦绣；刻灰润彩类屏风则刀锋犀利，气韵十足。

## ⊙趣闻链接

屏风是我国古代最常见的家具，关于屏风，曾留下了许许多多的故事。唐太宗和朱元璋这两位皇帝还把屏风当成警戒牌来使用呢！

唐太宗李世民在刚刚执政的时候，为了吸取隋朝的亡国教训，他认真实施了一套节俭戒奢政策。但是随着政权的逐渐巩固，李世民也开始追求奢侈的享受了。这一切都被忠臣魏征看在眼里，他写了一篇奏章，劝谏李世民应当节俭行政，不可半途而废。看了魏征的这份奏章之后，李世民越发觉得言之有理，便下旨将这份奏章写在自己室内的屏风上，以便能早晚看看，时时提醒自己要坚持节俭行政。后人们把这座屏风叫作"戒奢屏"。

另外，唐朝有一位叫李山甫的诗人曾经写过一首《上元怀古》的诗，诗中描绘了南朝末代的几位皇帝因骄奢淫逸而导致国破家亡的事迹。明朝的开国皇帝朱元璋看到这首诗之后深有感触，他也下旨让人将这首诗写在自己寝宫的屏风上，以便能时时提醒自己不忘节俭，力戒奢侈。

木雕屏风

## ⊙特色评点

在古典建筑中，屏风体现出了室内的装饰艺术。一般情况下，屏风都是陈设于室内的显著位置上的，它的作用是分隔、美化、挡风与协调。它与古典的家具相得益彰，相互辉映又浑然一体，是我国古代家居装饰中不可分割的一个部分。在它的身上，体现出了一种和谐之美与宁静之美。

# 非常讲究的门楼

## ⊙风采展示

我国的古建筑不仅非常独特，也有非常深厚的文化内涵，这一点，我们从那各具特色的门楼中就可以看出来了。门楼象征着一户人家贫富的情况，我们平常所说的"门当户对"就是这个意思。所以在古代，但凡那些当官的、有钱的人家，其门楼都特别讲究。

门楼顶部的结构和建筑方式跟房屋的非常类似，门框可以分成两侧，门扇被装在中间部分，门扇外边还装着两个铁制或者是铜制的门环，下边便是门槛，门槛的两侧是抱柱石。

门楼顶部常常有一些彩绘，有的则是挑檐式的建筑，门楣上有双面砖雕，大致刻着一些如"竹苞松茂"或"紫气东来"之类的匾额。斗框周围还装饰着花卉和蝴蝶、蝙蝠、葡萄等图案。在一些豪门大宅的门槛左右，还各放一对石狮子或石鼓。石狮子、石鼓的花纹不仅代表着装饰美，而且有驱崇保安和祈福的意思。门楼不仅是每家每户的主要通道，更是主人值得装点的"门面"，直接反映着宅主的社会地位、职业以及经济能力。门楼的高低大小、砖瓦材质、彩绘文字都不能随随便便，而是有一定规定的，要与宅主的身份和地位相符合。

在我国古代，一般官吏与商贾都居住在胡同的南半部，门楼则设置在主房的西北方，且大多数都用的是如意门。门楼虽然不大，却非常华丽，透露着一股子秀美之风。

古代的家宅布局一般是门小院大房屋多，属于那种典型的显贵而不漏富

仿古门楼

的布局。不管门楼处在胡同的北部还是南部，都是位于风水最好的位置上，因为门楼位置的选择直接影响到一个家族的纳福避邪，所以，门楼位置的选择是每家每户最关心的大事。

在古代，大富大贵的人家毕竟是少数的，普通人家的家境都很一般，所以，多数门楼也就修得非常朴素了。但凡在重要的节日或宅主家有重大事件发生时，都会在门楼的两边贴着红字条，这在我国被叫作楹联。楹联实际上是一种文字游戏，它要求左右对称，文字一样，还要讲究音韵。一般比较讲究的门楼楹联都是嵌在柱子或是门上的，大多集贤哲古训，古今名句于一体，一些是歌颂山川之美的，一些是写为人处世的。

虽然门楼是我国传统建筑中的重要组成部分，但如今的中国人盖房子，已经不讲究门楼了，毕竟时代不一样了，生活的时尚也不一样了。

### ⊙趣闻链接

大运河从南方逶迤至北方，进入西青区之后，第一个村庄便是大杜庄，这个村庄原本是叫"杜家门楼"的，但因名字与其他地方重合的缘故，才改成现

49

在这个名字。这"杜家门楼"是怎么来的呢，它和门楼又有着怎样的渊源？

关于这些问题，历来都有不同的说法，这团迷雾也笼罩在村里好几百年了。原来，这"杜家门楼"的杜家原本是明朝时期的官宦之家，但因为犯了罪，朝廷要缉拿杜氏，灭门九族。幸好，当时有个刘姓的官员，跟杜氏是世交，他听说了这件事，便快马加鞭地赶来杜家通风报信。杜家人听闻之后，全家连夜向东北逃去。朝廷派来缉拿杜家人的官员一直追到锦州才追赶上。后来，杜氏拿出了重金来贿赂这个官员，才得以保全一家人的性命，免遭捕杀。就这样，杜氏一家从锦州逃亡东北，在现在的辽宁省朝阳市建平县的某个小村庄安家落户。

杜家人去楼空，他们的祖坟、门楼也因为年久失修而塌毁。但是，"杜家门楼"这个村名却停留在了历史当中，印证着当时杜家的鼎盛状况。然而，世事多变，连"杜家门楼"这个名字也随着真正的门楼塌毁在了滚滚的历史红尘当中。

## ⊙特色评点

门楼是我国古代建筑中常见的形式，它象征着一户人家的社会地位。在

门楼顶部

门楼的装饰上，也呈现出了我国的古典文化，它集雕刻、书法、文学等艺术于一体，装点着一个家族的"门面"。可以说，门楼是我国古典文化与思想观念的产物。虽然，随着时代的发展，门楼已经慢慢被人们淘汰了，但在古典建筑中，它依旧风姿绰约地占据着一定的位置。

# 最具文化内涵的牌坊

⊙ **风采展示**

　　牌坊不仅仅是一种装饰符号，它还承载着许许多多动人的故事，体现了中华民族特有的文化内涵。所以，牌坊是最能体现我国古典文化的建筑之一。牌坊最初是由棂星门衍变而来的。刚开始时，它是用来祭天和祀孔的，其成熟于唐朝和宋朝，到明、清时期更加登峰造极了，并慢慢地从实用型建筑衍化成为了一种纪念碑式的建筑物，被人们广泛地用于表功德、榜荣耀的建筑当中去。

　　作为一种独特的纪念碑，牌坊不仅建筑结构自成一体，别具一格，它还集绘画、雕刻、匾联文辞与书法等多种艺术于一身。可以说，每一座石牌坊都是一件精美的石雕工艺品。在石牌坊的雕刻中，我国传统的石雕技法如透雕、圆雕、浅浮雕、高浮雕、平浮雕、阴线刻等都被应用在其中了。牌坊除了具有独特魅力的造型与精美的雕刻之外，其背后的故事与独特的文化精神也是非常吸引人的。

　　在我国的古代，特别是宋朝之后，牌坊不再是单单的一座纪念碑了，它甚至成为了一种建筑符号，比屯兵的堡垒、官府的衙门以及缴粮纳税还要确切地体现了中央对地方的管制。牌坊以建造意图来分类，大体上可以分成4类：第一类

最具文化内涵的牌坊

是功德牌坊，也就是为某个人记功记德的；第二类是贞洁道德型牌坊，一般是表彰节妇烈女的；第三类是标志科举成就的，一般是家族型牌坊，能够光宗耀祖；第四类是标志坊，一般建造在村镇的入口和街上，用来分隔空间段落。

我国的古代，封建等级制度非常森严，所以立牌坊是一件特别隆重的事，并不是谁都能够立牌坊的。这在当时是这样规定的：只有那些进入国子监读书及获得举人以上功名的人，并通过地方官府审核批准后，才能由官方出资来建立功名坊；而那些贞节牌坊、仁义慈善牌坊和功德牌坊的要求就更加严格了，首先是要由当地的官府查核，然后再逐级呈报，最后还要经过皇帝的审查恩准，或者是皇帝直接封赠的，才能建造。当牌坊允许建造之后，也不是随随便便就能动工了，对所建造牌坊的规格也有着非常严格的限制，比如，只有那些帝王神庙和陵寝，才能建成"六柱五间十一楼"形式的，一般的人最多只能建"四柱三间七楼"形式；关于这个规定，历史上只有孔庙的"万古长春"坊是一个例外。

总之，在当时，如果一个人能让皇帝为他赐旨建造牌坊，那么，不管是对个人、家族还是整个地方来说，都是一种无与伦比的殊荣。

## ⊙趣闻链接

我们看到很多牌坊上的图案都是不尽相同的，而且看上去非常特别，你知道这有什么渊源吗？那是因为牌坊并不是供点缀装饰用的，它还蕴涵着深刻的文化内涵。古人立牌坊是一件非常隆重的事，每一座牌坊都有着丰富的内涵与象征意义，而这些内涵和象征的表现，通常是由牌坊上所雕刻的彩绘图案体

牌坊

现出来的。

这些彩绘的图案通常有哪些呢？归纳一下有以下几类。

龙凤：如果有些牌坊上刻着一些龙凤，那很显然，这些牌坊跟皇家有一定的联系。因为在我国，龙乃百兽之尊，是封建社会象征着至高无上的皇帝；凤凰则是百鸟之首，在封建社会中，是象征着高贵的皇后。

蝙蝠：这是因为"蝠"字跟"福"字同音，所以牌坊上的蝙蝠就成为了好运气与幸福的象征。在古代，人们常常会把五只蝙蝠组成一幅图案，雕绘在牌坊上，这是健康、长寿、平安、富裕、人丁兴旺等五种天赐之福的象征。

鹿：因为与"禄"字谐音，所以是升官晋爵、高官厚禄的象征。

鱼：因为和"余"字谐音，通常与水塘和荷莲一起组成一幅图案，是金玉（鱼）满堂或连（莲）年有余的象征。

## ⊙特色评点

牌坊是我国古代封建社会为表彰功勋和忠孝节义所立的建筑物。它本身并不能表情达意，只是一个非常抽象的符号。但是，在不断发展的过程中，它融合了中华民族的文化内涵。透过它，我们可以看到整个社会制度和社会民情以及当时的文化艺术。

# 魅力十足的壁画艺术

## ⊙风采展示

　　壁画是人类历史上最早的绘画形式，它是一种墙面的装饰艺术，是古建筑中的附属部分。

　　壁画的发展史源远流长，最早可以追溯到石器时代。那是壁画的萌芽阶段，随着石器的制作方式有了改进，原始的工艺美术也随之得到了发展，人们就开始在所居住的岩洞里绘制一些图案，这些早期的图画就被称为岩画，是壁画的雏形。后来，随着建筑工艺的不断发展，人们开始建造房屋，并在房屋的墙壁上绘制出一些图画来，以增加美感，这样，壁画就作为一种装饰艺术登上了历史舞台。

　　在秦汉时期，壁画在宫殿、寺观以及墓室的建造中比较常见。在秦汉时

石器时代的岩画

55

敦煌莫高窟的壁画

期的宫殿和衙署，一般都绘制着壁画，但这一时期的建筑物都陆续消亡了。我们在秦都咸阳宫壁画遗迹中，才首次领略到了秦朝宫廷绘画的辉煌。那些图案形象都是直接彩绘在墙上的，并没有事先勾画的轮廓。

隋唐时期的壁画成就以敦煌莫高窟的壁画为代表，这一时期的壁画题材范围非常广，而且场面宏大、色彩瑰丽。不管是在人物的造型上，还是在风格技巧的表现，以及设色敷彩的技艺上，都达到了空前的高水准；在元代，一些皇家宫殿与贵族达官府邸，也曾一度盛行用壁画来装饰。相传，元代宫中建嘉熙殿，曾征召了当时一些著名的画家来画壁画。另外，当时一些贵族、达官也附庸风雅，请了一些有名的画家在自己的府邸厅堂内画一些山水、竹石、花鸟一类的壁画；明代的壁画则更加规范与世俗了，不同的宗教和不同教派之间也开始慢慢融合在一起；清代壁画则与文艺挂钩了，其中，最引人注目的壁画就是出现了现实重大题材的描绘，以及描绘了民间小说与文学名著中的相关场景。

中国壁画中最主要的类型是寺观壁画，也就是绘于佛教寺庙或者道观建筑的墙壁上的画。这些寺观画的内容相当广泛，有传说故事、佛道造像以及图案装饰等。这种壁画形式是随着道教的产生与佛教的传入而慢慢发展起来的，它兴于汉晋，盛于唐宋，衰于明清。

### ⊙趣闻链接

一个名叫群力村的依山傍水的小村子里，留有古代的许多遗址，其中，最著名的就是村子对岸悬崖上的壁画。在离湖面有几十米高的陡峭石崖上，有一方石头向江面延伸着，在这石头下还有一块石头，那幅闻名遐迩壁画就在下边那块石头上。整幅画长达1.43米，宽约1.22米，面积有1.8平方米，可以分成左右两个部分，各有三幅小画。左边画着一只成年的公鹿。中间画着一个人在喂獐狍；右边是树阴下坐着一对正在亲热着的男女。此外，还画着怀孕的母兽、渔夫等。画面虽然简单，但结构清晰、层次分明，呈现出古代的日常生活情景，栩栩如生，神韵天成。

关于这壁画还有一个颇具传奇色彩的传说：从前，江边住着靠打鱼为生的父子。有一次，儿子外出帮父亲买药去了，适逢连日不断的大暴雨使江水暴涨。凭多年的经验，父亲明白，很快就要涨大水了。他想，自己淹死不要紧，但是为儿子积攒着让他能成家立业的一坛银子可断然不能丢了。于是，父亲赶紧将那一坛银子藏到了一个安全的地方，为了向儿子指路，父亲便画了那副壁画，刚画完他就被滚滚江水给卷走了。洪水退了之后，心急如焚的儿子四处寻父，后来发现了那幅壁画。儿子知道，这是父亲留给他的讯息。最后，儿子通过壁画上的指示，终于找出了父亲留给他的那坛银子。

## ⊙ 特色评点

作为建筑物重要的附属部分，壁画的装饰意义和美化功能让它在环境艺

墓室壁画

术上做出了巨大的贡献。在我国古代，主要是墓室壁画、石窟寺壁画和寺观壁画。由于历史的久远和战乱的缘故，在已发掘的古壁画中，大多数都已经被损坏或者是缺失了。但是，这些壁画无疑为我们考古留下了大量的实物佐证。

# 三、建筑史上的精品

# 世界上最长的城墙

## ⊙风采展示

　　长城是我国古代一项伟大的防御工程，它始建于2 000多年前的春秋战国时期，是世界上最长的城墙，就算是今天用现代科技来修筑都不是一件简单的事。它凝结着我国历代各族劳动人民的血汗与智慧，从春秋战国起，相继

世界上最长的城墙——长城

有20多个诸侯国和封建王朝修筑过它，前后持续达2 000余年，是世界上最伟大的奇迹之一。

根据历史文献记载，修建长城超过5 000千米的有三个朝代：一是秦始皇时修筑的西起临洮，包括八达岭长城，东至辽东的万里长城；二是汉朝修筑的西起河西走廊，东至辽东的万里长城，长达1万千米以上。这些长城的遗址分布在我国今天的新疆、甘肃、宁夏、陕西、山西、内蒙古、北京、河北、天津、辽宁、黑龙江、湖北、湖南和山东等十多个省、直辖市、自治区。其中仅内蒙古自治区境内就有遗址1.5万多千米。

由于时代久远，早期各个朝代的长城至今大多数都残缺不全，保存得比较完整的是明代修建的长城，所以人们一般谈的长城主要指的是明长城，所称长城的长度，也指的是明长城的长度。明长城西起甘肃嘉峪关，东至中朝界河鸭绿江畔。

"因地形，用险制塞。"是修筑长城的一条重要经验，在秦始皇的时候已经肯定了它，接着司马迁又把它写入《史记》之中，之后的每一个朝代修筑长城都是按照这一原则进行的。凡是修筑关城隘口都是选择在两山峡谷之间，或是河流转折之处，或是平川往来必经之地，这样既能控制险要，又可节约人力和材料，以达"一夫当关，万夫莫开"的效果。

修筑城堡或烽火台也是选择在险要之处。至于修筑城墙，更是充分地利用地形，如像居庸关、八达岭的长城都是沿着山岭的脊背修筑，有的地段从城墙外侧看去非常险峻，内侧则甚是平缓，有"易守难攻"的效果。在辽宁境内，明代辽东镇的长城有一种叫山险

雄伟的长城

61

墙、劈山墙的，就是利用悬崖陡壁，稍微地把崖壁劈削一下就成为城墙了。还有一些地方完全利用危崖绝壁、江河湖泊作为天然屏障，真可以说是巧夺天工。

## ⊙趣闻链接

万里长城非一日能成。根据历史记载，自战国以后，有20多个诸侯国和封建王朝修筑过长城，前后经过了2 000多年的历史。而两千多年来，除了留下这雄浑的长城外，还有留下了许多动人故事。其中最出名的，当属"孟姜女哭长城"。

传说孟姜女并非凡胎，而是出生于一棵大葫芦中！她生得白白胖胖，十分惹人喜爱，但由于那根葫芦秧横跨孟、姜两位老汉家的围墙，致使两人为这白胖女娃的归属问题争执不休，最后终于还是各退一步，决定轮流抚养，遂取名"孟姜女"。

十多年后，可爱的女娃已长大成人，到了成家的年纪，却没想到成婚当天，夫君竟被官兵抓走，拉去充当修长城的民夫了。孟姜女去长城寻找丈夫，却得知夫君已累死在长城脚下，连尸首都找不到。

孟姜女伤心痛哭，其泪如泉，其声如雷，直哭得长城段段倒塌，一时间竟毁了八百里。这件事惊动了巡视长城的秦始皇，谁知他见到孟姜女后，竟为其美貌所倾倒，硬要封她做"正宫娘娘"。

满腔怒火的孟姜女，想到那筑城而死的先夫，尸骨未寒，又想到这昏庸皇帝的无耻逼迫，如若不从，祸及家人，最终面对着渤海的滔滔浪花，纵身跃下，投海殉情。

## ⊙特色评点

长城作为原本用来抵御外族入侵的军事工程，现在已经成为中华民族的象征，它是我国文化的建筑瑰宝。它东西绵延上万华里，因此又称作万里长城。长城经历代增修改筑，到明代发展到最高阶段，其工程之浩大，防御设施之齐全，在中国历史上是独一无二的。

长城经过精心开发修复，居庸关、山海关、八达岭、嘉峪关、司马台、慕田峪等关口，现在已经成为了中外闻名的旅游胜地。它以其独特的历史文化意义，被誉为世界七大奇迹之一，是中华文化当之无愧的丰碑与结晶，同时也是我们伟大民族的精神象征。

蜿蜒曲折的长城

# 世界屋脊之"明珠"

## ⊙风采展示

在青藏高原上，有一颗闪闪发亮的"世界屋脊明珠"，它就是拉萨的标志——布达拉宫。曾几何时，它还是西藏的政权中心呢！在这座世界上海拔最高的雄伟宫殿中，珍藏着许多独一无二的雪域文化遗产，同时，也收藏着大量丰富的文物与工艺品，为世人展现出了无数的惊喜。

举世闻名的布达拉宫耸立在西藏拉萨的红山之上，它的总占地面积达到了36万余平方米，海拔有3 700多米高，建筑总面积超过了13万平方米。它的主楼有13层，高达117米。在这当中，灵塔殿、宫殿、经堂、佛殿、僧舍、庭院等一应俱全。同时，布达拉宫还是目前世界上海拔最高、规模最宏伟的宫堡式建筑群。"布达拉"是梵文的翻译，"舟岛"的意思，还可以翻译成"普陀罗"或"普陀"，原本是指观音菩萨的居住之岛。所以，拉萨布达拉宫还有一个名字，叫作第二普陀罗山。

布达拉宫依山而砌，它那重叠的群楼，嵯峨的殿宇，彰显出了雄伟的气势，大有横空出世、气贯苍穹的感觉。这里的花岗石墙体坚实而又墩厚，白玛草墙领显得松茸而平展，其金顶尤为金碧辉煌，此外，还装饰着巨大的鎏金宝瓶、经幢与红幡，红、白、黄3种显眼的颜色形成鲜明

美丽的布达拉宫

的对比，它们交相辉映，相互衬托。另外，布达拉宫还有一些分部合筑、层层套接的建筑型体，这些都是藏族古建筑的风格，体现藏族建筑特有的迷人风采。

红宫是布达拉宫的主体建筑，它还是历代达赖的灵塔殿与各类佛堂。其中，又以达赖五

拉萨的标志——布达拉宫

世罗桑嘉措的灵塔殿最为考究。这座灵塔高达15米，方基圆顶，分成三个部分，即塔座、塔瓶和塔顶。达赖五世的尸体用香料、红花等处理并保存在这座塔瓶之中。塔身周围包裹着金箔，总共用去了黄金3 724千克，此外，灵塔还镶嵌着15 000多颗各类珍贵的红绿宝石、金刚钻石、珍珠、翠玉、玛瑙等，塔座上则陈设着各式各样的法器和祭器。西大殿是达赖五世灵塔殿的享堂，也是整个红宫中最大的宫殿，它由48根大木柱构成，有6米多高，其建筑风格沿用了汉族建筑中常用的斗拱结构，上面还有许多木雕佛像，以及狮子、大象等瑞兽形象。

## ⊙趣闻链接

布达拉宫距今已有1 300多年的历史了，它建造于7世纪时藏王松赞干布期间。

在唐朝初期，松赞干布迎娶了来自尼泊尔的尺尊公主，为了向后世夸耀，松赞干布在当时的红山上建造了一座九层楼的宫殿，包括了1 000余间房屋，并把这座宫殿取名为布达拉宫。根据史料记载，当时，布达拉宫的东门外是松赞干布的跑马场，红山内外有三重围城，且在松赞干布与文成公主的宫殿中间，还有一道银铜合制的桥相连着。但后来，由于战乱的缘故，当年的布达拉宫的大部分建筑在战火中被毁坏了。

17世纪，布达拉宫曾被修建和扩建了一次，当时，西藏地区的优秀画师

为布达拉宫创作了数以万计的精美壁画，不管是大小殿堂和门厅，还是走道和回廊中，处处绘有壁画，这些壁画的题材非常广阔，内容也丰富多彩，有的是表现历史人物的，有的是体现历史故事的，还有大量展现佛经故事的，另外，关于民俗、建筑、体育、娱乐等生活内容的壁画也比较多。这些精美的壁画在布达拉宫中占据着非常高的艺术地位。

## ⊙特色评点

布达拉宫不仅是藏建筑中的经典代表之作，更是我国古建筑中的精华。它是建筑创作中的天才杰作，整个宫殿以石木结构为主，宫墙都是用花岗岩垒砌而成的，最厚的地方达到了五米，墙基也深入到岩层中。为了提高建筑的整体性和抗震能力，其外部的墙体内还灌注了铁汁。同时，还配以金顶、金幢等装饰物，让古代高层建筑的防雷电问

举世闻名的布达拉宫

题得到了巧妙解决。几百年来，布达拉宫经历了无数次雷电轰击与地震的考验，仍然巍然屹立于世人面前，不得不说是一项建筑奇迹。宫殿的布局也十分协调完整，在建筑艺术的美学成就上达到超高的水平。

# 富丽堂皇的封建皇宫

## ⊙风采展示

在中国众多遗留下来的古代建筑中，历代皇帝的住所一直以其宏伟雄浑和神秘莫测吸引着人们。其中，最具有代表性的就是住过明清24位皇帝的紫禁城。

紫禁城坐落于北京市中心，如今被人们称为故宫，南北纵长961米，东西宽为753米，房屋共8 707间。周围环有十米高的城墙，城外还有宽度52米的护城河，四面城墙皆有一座城门，分别是南边的午门、北边的神武门、东边的东华门、西边的西华门，但是现在只有南边的午门和北面的神武门是供游人观光的。

紫禁城的城角分别建有四座设计绝妙的角楼，紫禁城内宫殿都是沿着中心线向东西两端延展而去，建筑错落有致，壮观雄伟，在夕阳西下之时，仿佛人间仙境。

紫禁城的南半部分由三大宫殿组成，分别为：太和殿、中和殿、保和殿，在这三大殿旁边辅佐的文华殿和武英殿，是皇帝进行朝会的地点，同时也被称作"前朝"。

紫禁城的北半部分的中心则是以乾清宫、交泰殿、乾宁宫以及东西六宫，还有休闲娱乐的御花园为中心的，中心的东边则是奉先、皇极等宫殿，西边的是养心殿、雨花阁、慈宁宫

太和殿

紫禁城

等皇帝和妃子居住的地方，这里通常是用来举行祭祀和宗教活动以及皇帝处理日常事务的地方，同时也被叫作"后寝"。

宫殿都是红墙黄瓦，保持建筑风格一致，每一座宫殿都是以鬼斧神工的壁画装饰，鎏金的大门让整个宫殿金碧辉煌，宫殿的分布井然有序，严格地遵守着封建时代的等级制度，体现出的是皇家至高无上的权利和不可触碰的威严。

## ⊙趣闻链接

紫禁城有"紫微正中"之寓意，关于当时建造宫殿还有一个传说。

相传，明朝永乐皇帝登基以后，决定在北京修建皇宫的时候，并希望多建点又宽又大的房间，让自己住的地方显得更加高贵。

皇上传旨招父皇朱元璋的老臣刘伯温来负责建皇宫，此时刘伯温正在门外求见。他进来之后第一句话就说：启奏万岁，臣昨晚上做了一个梦，梦见玉皇大帝把微臣召到了凌霄宝殿之上对臣说："你朝皇帝要修建宫舍，你回

紫禁城内部

去告诉他！天宫宝殿1 000间，凡间宫殿万不可超过天宫之数。你还要记得，要请三十六金刚和七十二地煞去保护凡间宫殿，才可以祈求国家风调雨顺，国泰民安。你要一字不漏地替我转达。玉帝说完这些之后，臣眼前就是一阵白雾，随后臣就被吓醒了。"

听到刘伯温这么说，永生帝觉得很是奇怪。虽然天帝这么说，但是又不甘心自己的宫殿不够奢华，于是又吩咐刘伯温去建造不到一千间的宫殿，但是又必须和天宫的数目差不多，还要替自己请来金刚和地煞。刘伯温领完圣旨之后就离开了。这件事也在老百姓中流传开来了，大家都等着看刘伯温是如何引来着三十六金刚和七十二地煞的。

不久，刘伯温就把事儿全都办妥了，宫殿建造得十分奢华，远看宫殿闪闪发亮，好像真的有天神在为自己看家护院。因此，皇帝非常高兴，赏给了刘伯温很多金银珠宝，还给他加官进爵。邻边境的一些少数民族真的以为有天神来给皇帝看家护院，也都不敢对中原有所侵犯了。

原来，那所谓的三十六金刚，就是聪明的刘伯温放了36个金色的水缸在宫殿门口，七十二地煞是宫殿下方设有72条地沟，房间的数目则是不到1000，为999间半。

## ⊙ 特色评点

紫禁城是世界现存最大、最完整的木质结构两朝皇宫，作为中国最丰富多彩的建筑艺术殿堂，紫禁城里面陈列着大量的珍贵文物，数目高达100多万件，占全国文物总数的1/6，而且大部分都是绝无仅有的国宝。现在紫禁城的部分宫殿即"故宫博物馆"，其中收藏了大量的古代艺术品，是中国收藏文物最丰富的博物馆。

无论从立体效果还是平面效果上面

中和殿

看，其形式上的雄伟、庄严、和谐都是无可比拟的，昭示着我国悠久的历史和500年前中国建筑的卓越成就。

　　紫禁城是中国五个世纪以来的权力中心，其中有美妙绝伦的园林景观和包含了家具和工艺品的近1000个房间，这庞大的建筑群是我国明清时代历史文明的无价见证。

# 古代皇帝祭祀天地的场所

⊙**风采展示**

在北京故宫东南方，有一个比故宫大两倍的"回"字形建筑，是古代皇帝祭祀天地的地方，这就是天坛。

天坛在北京正阳门外东侧，是明清两代皇帝祭天之所。它是明朝永乐皇帝用14年时间与紫禁城同时建成的，当时叫天地坛，即同时祭祀天和地，嘉靖九年之后专门用来祭天，因而后来改为天坛。清朝乾隆皇帝重修改建后，形成现在天坛公园的布局。

北京天坛是世界上最大的古代祭天建筑群之一。中国古代祭祀仪式起源于夏周时期，因为古代帝王自称是"天的儿子"，所以，他们非常崇敬天地，把祭祀天地作为一项非常重要的事情。明朝永乐皇帝以后，每年冬至、正月初一和夏季的第一个月，帝王们都要到天坛举行祭天和祈谷的仪式，遇上少雨的年份还会来此祈雨。

天坛的主要设计思路是突出天空的辽阔高远，表现"天"的至高无上，从布局上来说，大部分建筑位于中轴线以东，是为了增加两侧的空旷度，使人一进入就能获得开阔的视野，以感受到上天的伟大和自身的渺小。

眺望天坛

天坛由两道坛墙分成内坛和外坛两部分，全部宫殿和坛基一律朝南成圆形，象征天。天坛内坛中轴线南北两端有丹陛桥连接，由

71

圜丘坛

南至北分别是圜丘坛、皇穹宇、祈年殿和皇乾殿等。

圜丘坛又叫祭天台，是皇帝冬至祭天的地方。坛周长534米，高5.2米，共3层，圆形，整个天坛都采用九的倍数来表示天子的权威。汉白玉栏板都是九的倍数，顶层圆形石板最内一层有九块石块，每往外一层递增九块，共九层。圜丘坛坛面光滑，声波传播的速度快，当声音碰到周围的石栏反射回来后，与原声汇合，音量会加倍。因此，当皇帝祭天时，洪亮的声音就像上天的神谕一样，使臣民不得不俯首叩头，唯命是从。

皇穹宇在圜丘坛以北，是存放祭祀神牌的地方，原为重檐圆攒尖顶建筑，乾隆十七年重建后改为鎏金宝顶单檐蓝瓦圆攒尖顶，以象征青天。大殿直径15.6米，高19.02米，由八根金柱和八根檐柱共同支撑殿顶，三层天花藻井。皇穹宇内侧墙壁是有名的"回音壁"，台阶下还有三块神奇的回音石。站在第一块石板上击一掌可以听到一声回声，站在第二块石板上可以听到两声回声，站在第三块石板上可以听到三声回声。

祈年殿是天坛的主体建筑，也是天坛最早的建筑，圆形，直径32米，殿高38米，是一个由28根楠木和36块榜、桷互相衔接与支撑的三层连体殿檐，每根柱子都有不同的象征意义，分别代表四季、12个月、12时辰、24节气、28星宿和36天罡。

现在的天坛之所以吸引人，除了这些建筑和历史，还有它幽美的环境。天坛从一开始就注重建筑与生态的关系，建筑群之间种了许多松柏。如今，这些松柏经历了几百年的沧桑依然翠绿如盖。

北京天坛

从大雁塔到东方明珠

72

## ⊙趣闻链接

关于天坛的选址有这样一种传说：

永乐皇帝朱棣在夺了侄儿建文帝的皇位之后，一直想迁都北京，以消除自己因夺位带来的内疚之心，但一直找不到理想的祭天场所，这让他很苦恼。有一天夜里，朱棣迷迷糊糊地刚闭上眼，忽然觉得眼前一片光亮，七个闪闪发光的东西从他身边的门里掉出来，落在地上。他揉了揉眼睛，看了看门上的字：天门，心知从天门里掉下去的东西绝非凡物。莫非是上天预示着什么？

第二天，北京传来消息说，七块巨石呈北斗七星形状降落在正阳门外西侧。永乐皇帝想起昨晚的梦境，知道是上天给他的暗示，就下旨在北斗七星降落的位置建天坛。这七块巨石就是现在天坛长廊东端广场上的七星石。清朝皇帝为了表示不忘祖籍，又在东北方加了一块石头，因而，现在人们所说的七星石共有八块石头。

## ⊙特色评点

天坛是中国现存最大的皇帝祭天建筑，其宏大的规模，特有的寓意，以及象征的表现手法，无一不体现着明清建筑技术和艺术之大成。可以说，天坛是集古代哲学、历史、数学、力学、美学和生态学于一炉的精品代表作，是中国人民智慧的结晶，1998年，被联合国教科文组织确认为"世界文化遗产"，2009年，入选

北京天坛是世界上最大的古代祭天建筑

中国世界纪录协会中国现存最大的皇帝祭天建筑。对于这些称号，天坛当之无愧。

# 最完整的皇家园林

## ⊙风采展示

在北京市海淀区，有一个占地290公顷的皇家园林，它就是颐和园。颐和园是中国现存规模最大的园林，也是保存最完整的皇家园林，有皇家园林博物馆之称。

颐和园原名清漪园，本是清朝帝王消夏的行宫花园，历时15年才竣工。1860年第二次鸦片战争中，英法联军火烧圆明园时，颐和园也遭到严重破坏，很多建筑被焚毁，很多珍宝佛像被抢劫一空。1888年，慈禧挪用海军军费200多万两重新修复，并更名为颐和园。此后，颐和园就成为晚清除紫禁城外最重要的政治和外交活动中心。

颐和园模仿杭州西湖，吸取江南园林的手法和意境，万寿山和昆明湖两个主景区如此，其他建筑和设计思路也是如此。

万寿山分为前山和后山，前山以佛香阁为中心，在一条中轴线上形成一组巨大的主体建筑群。从山脚到山顶依次为牌楼、排云门、二宫门，然后经排云殿、德辉殿、佛香阁，直到山顶的智慧海。佛香阁是园里最大的建筑，高40米，雄踞于21米的高台之上，为一座八角形、四重檐的攒尖顶建筑，是万寿山和昆明湖总领全局的构图中心。排云殿本是乾隆给母亲60大寿的礼物，慈禧重建时改名

颐和园石舫

为排云殿，这里是慈禧居住和接受朝拜的地方，与牌楼、排云门、金水桥和二宫门一起，连成一条层层升高的直线，构成颐和园最壮观的建筑群。位于这些建筑群最高处的是一座宗教建筑，名为智慧海，是一座完全由砖石砌成的佛殿，没有一根木料，因此又称"无梁殿"。殿外壁面上有千余尊琉璃佛。

与这些建筑群相呼应的是一条轴线，即长廊。长廊横贯万寿山山麓，全长728米，由273间组成，是中国园林中最长的游廊，也是世界上最长的长廊。长廊的每一根枋梁上都有彩绘，共有14 000多幅图画，有人物、花草、风景、花鸟虫鱼等。后山有富丽堂皇的西藏佛教建筑和五彩琉璃多宝塔，山上有楼台亭阁，登临其上可俯瞰昆明湖景色。

昆明湖在万寿山南麓，是清代皇家园林中最大的湖泊，占整个颐和园面积的3/4。湖中的西堤仿照西湖苏堤，把湖面分成三个水域，每个水域都有一个湖心岛。这三个岛鼎足而峙，象征着中国传说中的三座神山。飞跨东堤和南湖岛之间的十七孔桥是颐和园最大的石桥，桥宽8米，长150米，由17个桥洞组成，两边栏杆上雕有形态各异的石狮子500多只。桥东北侧有一只铜

昆明湖

铸水牛，是用来镇压水患的。如今，水牛和十七孔桥都成了颐和园的著名景点。

## ⊙ 趣闻链接

万寿山上的智慧海以其色彩艳丽，富丽堂皇而著称于世，关于这座建筑，民间有一则历史故事。

话说1900年八国联军侵犯中国，洋鬼子火烧圆明园后，又来到颐和园烧杀抢掠。这一天天刚擦黑，洋鬼子来到万寿山顶的智慧海，立刻就被这座房子的漂亮惊呆了。出于嫉妒和眼红，他们惊叹之后就开始用枪砸佛像。就在他们砸得起劲的时候，几声嗷嗷怪叫让他们毛骨悚然，几个手拿短剑的红脸黑衣人从松林里窜出来，直奔他们面前。洋鬼子哪见过这阵势，一个个哭爹喊娘还是被砍断了头。只有一个漏网之鱼逃出去之后报告了洋鬼子的头目。

头目听了手下的叙述，立刻带人去了智慧海。这头目看到不用一枪一炮就将人砍了头的情景之后，也是大吃一惊，他找来颐和园的看门人，问这是怎么回事。看门人说，是阎王爷将这些人拿了去，因为智慧海里供的地藏王是阴曹地府的阎王，谁要是在世间为非作歹，阎王知道得一清二楚。如今，你们在智慧海又烧又抢，还烧佛像，阎王爷不生气才怪呢。洋鬼子一听差点晕过去，屁滚尿流地滚出了颐和园。

其实，杀洋鬼子的并非阎王爷，而是智慧海附近习武练功的村民，他们看不过洋鬼子在颐和园的烧抢行径，就假装成鬼的模样，惩罚抢夺智慧海的洋鬼子。

颐和园的美丽风景

## ⊙ 特色评点

颐和园集传统造园艺术之大

成，既有中国皇家园林的恢弘富丽，又有自然之趣，其自然景观和人工景观艺术地融为一体，使得它在中外园林史上具有显要的地位。1987年，颐和园被批准为世界文化遗产，1998年，又以其丰厚的历史文化积淀和优美的自然环境和卓越的保护管理工作被列入《世界遗产名录》。

# 古典文化中的"大宝库"

## ⊙风采展示

位于曲阜城内的孔府是我国名副其实的大宝库，一听到"孔府"这个词儿，你也许会认为这想必就是孔子的故居了吧！不过，你猜错了。这孔府是孔子的长子、长孙，即嫡传后代的府邸，也被称为衍圣公府。

孔府位于曲阜市内的孔庙东边，是孔子历代长孙的官署与私邸。孔府始建于1038年，在我国历史上具有极高的地位，是一座仅次于北京紫禁城的贵族府第，具有"天下第一家"的称号。孔府占地面积有240多亩，建筑包括了楼阁厅堂共463间。整体布局可以分东、西、中三路。从东路走去，可以看到孔子的家祠，由报本堂和桃庙等组成；西路则是旧时孔子历代嫡孙衍圣公读书、学礼仪以及会客的地方，包括了忠恕堂、安怀堂以及客室等；中路则是孔府的主体部分，前边是官衙，有三堂六厅；后边是住宅，最后是孔府花园。由此可见，孔府是我国封建社会中一座典型的官衙与内宅融合的贵族庄园。

孔府还保存了非常多的珍贵文物，可以说，它是我国一座名副其实的文物宝库。历朝历代的皇帝为表示对孔子的尊崇，会不断给他的嫡孙以赏赐。不管是帝后墨宝，御制诗文，还是儒家典籍、礼器乐器，无所不

孔府

赐。另外，孔子嫡孙也常常搜集历代的宝物，让文物库藏得以充实。所以，孔府中有大量的珍贵文物和艺术品，如著名书法家董其昌、文征明的手迹；著名画家高其佩、周之冕、郑板桥的画；宋、元、明各时期的雕版印刷珍品、书籍，精致的玉雕、木雕、陶瓷、青铜器等工艺品。其中，

孔府重光门

最负声名的是"商周十器"，也叫作"十供"，原本是清朝皇宫所收藏青铜礼器，1771年，被清高宗赏赐给了孔府。"鎏金千佛曲阜塔"也是孔府的藏珍品，这座塔是唐代所制。其他的文物珍品还包括了明清几代无数的衣、冠、袍、履及名人字画、雕刻等。

## ⊙趣闻链接

孔府后花园也叫作铁山园，事实上，这铁山园里边并没有铁山的踪迹，只在花园西北部有几块长得像山峰的铁矿石。孔府后花园在孔府九进大院的最后，占地50余亩。园子虽然不大，但假山、池水、竹林、石岛、水榭、亭台、香坛、客厅等一应俱全。后花园的假山位于东南方，由许多奇石怪岩构成，其构造特别有艺术性。设计师匠心独运，为了让这假山能喷珠撒玉，特地在假山的边沿巧布太湖石，让泉水滴滴而落，在下雨天更是瀑布飞挂，极为美妙。这座后花园建于1503年，是重修扩建孔府时所修建的，由当时的著名文学家、政治家李东阳监工设计。为什么是他亲自设计的呢？原来，他的女儿嫁给了

孔府后花园

孔子62代孙，也就是衍圣公孔闻韶。他设计这座美丽的花园多半可能是为了自己的女儿吧。在修建完工后，李东阳还四次作诗写赋，来记此盛举呢！

后来，到了明代嘉靖年间，礼部尚书严嵩又一次扩建重修了孔府和后花园，并从全国各地搬来了许多奇石怪岩和名花奇草，让后花园变得更加美丽了。就这样，孔府后花园经李东阳、严嵩到乾隆皇帝，曾前后进行了三次大修，当然，其中还包括了很多次中修与小修。因而，这花园也越修越大，越修越漂亮。

## ⊙特色评点

孔府内有着非常豪华的陈设和特别森严的戒备，厅堂内外虽然轩敞但又井然有序，是一座典型官衙宅邸型封建贵族庄园。孔府中的"孔府档案"内容非常丰富，是世界上持续年代最长久、包含范围最广泛、保存得最完整的私家档案，也是我国研究历朝历代政治、经济和文化的重要参考文献。

# 不到晋祠，枉到太原

⊙风采展示

　　人常说，到了太原如果不去参观一下晋祠，那将是一件令人遗憾的事。由此可见，晋祠已经成为了我国一个颇负盛名的旅游景观。

　　晋祠位于山西太原悬瓮山麓的晋水边上，原本是为了纪念晋国的开国之君唐叔虞而建造的祠堂。因为唐叔虞的努力，使得该地风调雨顺，人们安居乐业。所以，他去世之后，深得人们的敬重与怀念。于是，人们在他的封地选择了这片依山傍水、风景秀丽的地方修建了一个祠堂，用来专门供奉他，并取名为"唐叔虞祠"。

　　在后来漫长的岁月里，晋祠也曾多次被修建和扩建过，所以，它的面貌也在不断地发生着改变。如今，我们所见的晋祠中总共有几十座古建筑，里边的环境幽雅而舒适，风景非常秀丽。晋祠中最著名的建筑物是圣母殿，这座建筑大约是创建于1023~1032年。相传，这圣母是唐叔虞的母亲——邑姜。圣母殿原本是叫"女郎祠"的，殿堂宽大而疏朗，保存着41尊宋朝时期的精美彩塑侍女像以及两尊明代的补塑。"圣母"就在这些彩塑中居中而坐，她凤冠霞帔，神态庄严，雍容华贵，一副宫廷统治者的形象。

　　晋祠的选址对于环境的要求，也是非

晋祠

常有讲究的。不管是古代还是现代，自然界不单单为我们提供了物质生活，还会与我们的心智进行交流，也时刻影响着人类的精神文明。正所谓"智者乐山，仁者乐水"，自然之美与建筑选址搭上了一定的文化内涵，这种情况在晋祠上体现得尤为突出。晋祠也真正做到了用山之峻峭来壮其势；用水之波涛来秀其姿。利用其自然条件的优势，背风向阳，依山傍水，居高而筑，体现出了晋祠与环境山水融合的特点。

## ⊙趣闻链接

一般来说，比较讲究的建筑物都是非常注重环境气氛的。然而，环境给予人的感受既直觉又朦胧，甚至"只可意会不可言传"。我们对建筑艺术的审美知觉，一般情况下都是通过建筑物的造型得知的。和谐是美的基本要素，晋祠不管是在形态上，还是在构造上，都非常和谐。

远观晋祠，可以看到西部山峦绵延不绝，东边则汾水源源长流，那秀美的殿宇楼台也在山麓林梢中影影绰绰，显得神秘而具有诱惑感。那圣母殿前廊的柱子上，雕刻着八条盘龙，这些盘龙倒映在水中，随波浮动，看上去非常神奇。

此外，晋祠中的参天古树也为我们留下了极其深刻的印象，其中，最有名气的莫过于周柏隋槐了。相传，周柏是西周时期种植的，位于圣母殿的左侧，树身则向南倾斜着，约与地面形成一个40°角，枝叶非常茂盛，披覆在

晋祠风景

了殿宇之上。另外，传说早年在圣母殿的左右原本还各自有一株龙柏和凤柏，但后来，右侧那株凤柏不幸被雷电击中枯死了，而左侧的那株龙柏便慢慢地向圣母殿倾斜，当它快压到大殿时，却奇迹般地从地上长出一株柏树来支撑住这快要倒下的龙柏。人们称之为子柏，说它

是龙凤双柏的儿子。是它扶助了它的父亲——龙柏，使之能继续对抗风雨，千百年来顽强地生存着。

著名的周柏隋槐和长流不息的难老泉水，还有精美的宋塑侍女像，被人们誉为"晋祠三绝"，是人们不可错过的三道奇观。另外，位于圣母殿前的鱼沼飞梁也非常美观，它典雅大方，造型独特，是我国古代最早的立交桥。它建立于宋代，呈十字桥形，如大鹏展翅一般。

周柏隋槐

## ⊙ 特色评点

晋祠是我国古建筑中的精品之作，它不仅自然环境优美，历史文物也十分丰富，素来以雄伟的建筑群、高超的塑像艺术而闻名于世。可以说，晋祠是集我国古代祭祀建筑、园林艺术、雕塑艺术、壁画艺术和碑刻艺术于一体的珍贵的历史文化遗产，它也是世界仅有的一例。绝无仅有的综合艺术，成就了它作为世界建筑、园林、雕刻艺术中心的地位。

总之，晋祠是我国古代劳动人民所创造出来的最值得自豪的文明成果之一。它不仅有着十分明显的纪念意义，还具有很大的实用功能、高超的科技手段以及强烈的艺术感染力和珍贵的审美价值。

# 古典的苏州园林

## ⊙风采展示

"桃花流水鳜鱼肥"的苏州素有"人间天堂"之称，而这一美誉的获得，很大一部分要归功于它的园林。

苏州园林以意境见长，其占地面积都不大，建造者为了弥补此项不足，采用因地制宜的方式，通过借景等艺术手法来组织空间，点缀安排，造成以小见大、虚实相间的艺术效果，又通过叠山理水和栽植花木、配置园林建筑而形成一幅幅充满诗情画意的人文写意山水画，从而创造出人与自然和谐相处的都市园林风景。

苏州园林既是时间的艺术，也是历史的艺术。园林里有许多匾额、楹联、书画和雕刻作品，它们和园中的碑石、家具、摆件一起，成为点缀园林的艺术品，既体现了中国古代的哲学观念，又体现了古人的文化意识与审美情趣。

苏州园林的代表性作品有留园、拙政园、狮子林、沧浪亭、环秀山庄等。

留园是中国四大名园之一，位于苏州市阊门外，占地面积30多亩，综合了江南造园的艺术精华，被称为"吴下名园之冠"。全园分东、西、北、中四个景区，每个景区的侧重点

苏州园林的美丽风景

各有不同。其中东部多为曲院回廊和建筑，其重檐叠楼，疏密相间，引人入胜。院内池后的冠云峰是太湖石中的绝品，集太湖石的"瘦、透、皱、漏"四奇于一身，为留园三绝之一；北部有竹篱小屋，颇具农村田园风光；西区是全园的最高处，有造型奇特的假山，其中土石相间，堆砌自然，很有山林野趣；中部是全园的精华，以水景见长，其池水明净清幽，峰峦环抱，更有古木参天。留园以其收放自如的精湛建筑艺术而享有盛名，人们在这里既可以领略到山水田园的景色，又可以享受到山林庭园的风光，其诗情画意般的境界让人为之叹服。

位于苏州娄门外的拙政园是苏州最大的园林，也是苏州园林的代表作，被誉为"中国园林之母"，也是中国四大园林之一。全园分中、西、东三部分。东园山池相间，点缀建筑，其庭院错落，曲折变化，使主体空间显得疏朗开阔；西园水面迂回，依山傍水建造亭阁，体现出一种疏朗典雅，天然野趣的风范；中园是全园的精华部分，以荷花池为中心，池中两岛为其主景，远香堂为其主体建筑，颇具江南水乡特色。拙政园中部的水面约占园林总体面积的1/3，建造者用大面积的水面造成一种开朗的气氛，形成一种渺远的意境。此外，建园者还秉承园林景观花木为胜的原则，有2/3的景观取材于植物题材，在中部23处景观中，有80%的景观以植物为主景，这使得拙政园以"林木绝胜"而著称。

拙政园

沧浪亭是苏州最古老的一处园林，始建于北宋年间，与狮子林、拙政园、留园一起，分别代表了宋元明清时期的园林风格和技艺。

## ⊙趣闻链接

留园中的冠云峰据说是北宋年间的遗物，关于这块石头的故事有些神秘。

北宋末年，宋徽宗在苏州设立了苏杭应奉局，专门为朝廷搜罗名花奇石。当时，苏杭应奉局的主管叫朱缅，此人本是当地一小混混，因善于投机钻营，他巴结上司，用钱买了个官位后，竟然得到了应奉局主管的肥差，有了采办"花石纲"的大权。从此，朱缅不可一世，只要民间有些奇特的花木和石头被他听说了，立刻派兵去抢夺，谁要敢反抗，就被他冠之以抗旨来治罪。有一次，他听说太湖边上有奇石，就带着一帮人赶过去。在湖边一个红髯老者家里，朱缅看到一块非同寻常的石头，是他担任采办以来所看到的最好的太湖石。朱缅不顾石头主人的反对，让他手下的官兵强行拉走。但朱缅并没有将这块石头送进京城，而是自己偷偷藏了起来，还嘱咐手下办事人员不要泄露出去。后来，宋徽宗还是知道了此事，以欺君之罪将朱缅治死罪。据说，奇石原来的主人本是太湖龙王，因看不惯朱缅为非作歹，才用计策为民除了一害。后来，这块奇石几经辗转，终于落户留园，成为留园三绝之一。

## ⊙ 特色评点

苏州园林代表了中国古典园林的理想品质，建园者在咫尺之内重造乾坤，以精雕细琢的设计来折射中国文化道法自然又超越自然的思想意境，从而使苏州园林成为一种设计思想的典范。1997年，拙政园、留园、网师园和环秀山庄被列为世界文化遗产，2000年，沧浪亭、狮子林、耦园、艺圃和退思园也被列为世界文化遗产。

# 我国第一座皇家陵园

## ⊙风采展示

在中国悠久的历史长河中，各位皇帝的陵寝总是因其宏伟雄壮和神秘莫测成为百姓茶余饭后的谈资。其中，最为大家津津乐道的就是中国第一个一统天下的皇帝秦始皇的皇陵。

秦始皇陵选址于历史悠久的城市陕西省西安市临潼区骊山脚下。

秦始皇陵的南边是郁郁葱葱的人间仙境骊山，北面是逶迤蜿蜒如银蛇卧地般的渭水。巨大的封冢在层峦叠嶂的环抱之中和骊山融为一体，巧夺天工，神秘莫测。陵墓规模宏伟，总面积达56.25平方千米，足以让后人想象当时陵园建造时的工程浩大，这也是中国历史上统治者奢侈厚葬的第一例。

秦始皇陵园的构造是仿造秦朝的咸阳城，大体呈回字形。根据勘探，陵区内的大型地面建筑分别为寝殿、便殿、园寺、吏舍等众多大型建筑物。陵园各有内外两重城垣，封土为四方锥形，外城的周长几乎是内城的两倍。根据史书的记载，在向下挖陵墓的时候是一直挖到地下的泉水，然后用铜液加固了基座，最后才放上棺椁，墓室里面放满了各种珍宝。富丽堂皇的地下宫殿建造在陵园内城下面，地下宫殿的宫顶是用明珠镶嵌，象征着日月星辰，宫殿的下方是遍地的水银，象征着江湖河泊。

秦始皇陵

皇陵中一共发现了10座城门，南北城门和内垣南门在同一中轴线上，陵园的中心部分是坟丘的北边，在陵园中各有东西北3道墓道通向墓室，体现了秦代的"事死如事生"的礼法制度。

在秦始皇陵墓的地宫中心就是安置秦始皇棺椁的地方，在陵墓的旁边有多达四百个的陪葬坑，涉及范围很广。重要的陪葬坑里面有铜车坑、马坑、珍禽异兽坑、马厩坑和被世人称道的兵马俑坑，其中被发掘的文物之中要数彩绘铜车马——安车和高车最为珍贵。这是一组两乘大型的车马，同时这也是在中国发掘的型体最大、最华丽的古代铜车马，被誉为"青铜之冠"。

## ⊙趣闻链接

秦始皇死后，根据秦始皇的遗言，将自己生前所有的宝物全都随自己葬在了骊山陵墓，关于这些珍贵的随葬品，千年以来一直流传着许许多多的传说。其中最广为流传的就是地宫飞燕。

楚霸王项羽成功入关之后，曾经让30万人大肆动土，就是为了找出秦始皇的陵寝所在。就在所有人开挖的过程中，突然有一只金燕子从墓里面飞了出来，然后就一直向南边飞去，不见了踪影。

日月变更，过了几百年，一直到了三国时期，一个在日南做太守的宫使张善突然收到了一只金燕子，上面写了文字，张善从金燕身上的文字判断出手捧之物来自秦始皇陵。

至于传说中的金燕做工精巧，不仅仅好看，还能在天空中翱翔，这也是大有可能的。早在春秋时期，著名工匠鲁班就可以造出能飞的木燕了，可以一直飞过城墙之上，那么几百年之后的秦国的工匠造出会飞的金燕，尽管

秦始皇雕像

离奇，却也不能说绝对不可信。

## ⊙ **特色评点**

　　秦始皇陵是中国帝王陵中规模最大的、保存较为完好的一座大型陵园，其中最著名的一处就是兵马俑坑，这是众多陪葬坑中的一个，从中出土的陶质兵马俑是中国古代雕塑艺术史上的一颗明珠，被世人称为世界第八大奇迹。

　　作为"20世纪考古史上的伟大发现"之一的秦始皇陵，以其艺术造诣和时代特征被视为历史的缩影，为探索秦代的政治、军事、经济、文化提供了极为珍贵的事实材料。

　　秦始皇陵是我国古代劳动人民高超的技艺和智慧的结晶，从如此浩大的工程中可以看出中华民族特有的精神价值、思维方式和审美取向，从中也可以看出我们华夏子孙强大的生命力和丰富的想象力。正是因为这样，中华民族的历史才传承至今，也正是如此，中华建筑才能在世界建筑史和文明史上留下如此浓墨重彩的一笔。

　　秦始皇陵构造的原创性、建造技法上的高超造型的优美艺术，点点滴滴都体现出人文主义的光彩，让历史都凝固在辉煌的文物和建筑之中。

我国第一座皇家陵园——秦始皇陵

# 道教建筑中的典范

⊙**风采展示**

　　道教建筑是我国古代建筑中的重要组成部分，它们和其他的建筑一样，不管是在布局上，还是在艺术上，都有一定讲究。其中，山西永乐宫堪称道教建筑中的精品。

　　永乐宫建造于元代，前后施工期达到了110多年，经过数代人的不懈努力，才建成了今天这规模宏大的道教宫殿式建筑群。在永乐宫内部的墙壁上，布满了许许多多精心绘制而成的壁画。这些壁画的艺术价值和数量在世界上都是非常罕见的。我们如果有机会去山西，一定不能忘了去永乐宫欣赏一下元朝的壁画。

　　永乐宫不仅是道教建筑中的精品，它还代表着整个元代建筑的风格，只见那粗大的斗拱层层叠叠地交错着，周围的雕饰很少，相对明清时期的建筑而言，永乐宫要简洁明朗多了。

永乐宫

　　三清殿是永乐宫的主殿，殿内的墙壁上都满布了壁画，总面积达到了403.34平方米，共绘制了人物286个。这些人物都是按照对称仪仗的形式来排列的，以南墙的青龙和白虎星君开始，分别绘出天帝、王母等28位主神。接着，二十八宿、十二宫辰等

"天兵天将"又在画面上慢慢地展开了。这些壁画上的武将骁勇剽悍，玉女天姿端立，力士威武豪放。整个壁面的画面显得气势非凡，场面宏大。

相传，永乐宫中的纯阳殿是为了奉祀八仙之一的吕洞宾而建造的。在这个宫殿的墙壁上，绘制着吕洞宾从诞生到"得道成仙"期间的神话故事。尤其是那幅"钟吕谈道图"，人物描绘得

永乐宫的壁画

特别成功，情景相融，具有极高的艺术性。重阳殿则是供奉着道教全真派首领王重阳和他的弟子"七真人"的殿宇。同样，这里也采用连环画的形式描绘了王重阳从降生到得道度化"七真人"的传说故事。

永乐宫中的连环画，虽然叙述的是一些神话传说故事，却妙趣横生地体现了当时社会人们的活动场景。这些画面，每一幅都是活生生的社会缩影，充满着世间百态和寻常百姓的生活情趣：梳洗打扮、吃茶煮饭、农耕农种、教书、闲谈等，王公贵族的进宫朝拜、君臣答理、开道鸣锣等，道士念经作法等，各种各样的形态都跃然壁上。在这些壁画中，郁郁寡欢的社会底层人士、流离失所的难民、善良朴实的农民与大腹便便的王侯将相形成了强烈的对比。

## ⊙趣闻链接

你知道吗，永乐宫曾经历过一段非同寻常的乔迁过程！没错，现在人们所见到的永乐宫虽然有着非常完整的建筑群和精彩的壁画，但事实上并非坐落在原址上，它是几十年前从别的地方迁徙而来的。

永乐宫原本是坐落在芮城西南的黄河北边的，据说，那里是吕洞宾的家

永乐宫精美的壁画

乡。在1959年的时候，由于要修建三门峡水库，当时的永乐宫正好处于蓄水区的位置上，水库一旦建成，它就将被淹没在深水之下。所以，人们就研究如何把壁画完好地搬走并重建好。后来，经过反反复复的研究，决定将壁画连同宫殿搬迁到地势高的合适地点。人们先拆了几座宫殿的屋顶，再用特殊的人力拉锯法，把那些附有壁画的墙壁一块一块锯下来。就这样，一共锯出了550多块墙壁，并把每一块都画上记号。接着再用同一种方式，将附在墙上的墙壁上的画分离出来，然后再全部画上记号，放进垫满了厚棉胎的木箱中。这些墙壁、壁画薄片以及其他的构件，被一一运到了搬迁好的永乐宫来，再逐片地贴上壁画，最后，画师们还特别把壁画仔细修饰了一番。

这是一项宏伟又细致的工程，曾有人断言，即使是神仙也办不到。但经过了5年的时间，这场浩大的工程就圆满完成了。重建之后的永乐宫壁画上的切缝非常小，几乎可以忽略，就这样，这群壁画杰作的旷世神韵被匪夷所思地保存下来了。

## ⊙特色评点

永乐宫是我国道教的三大祖庭之一，也是现存的规模最大的元代道教宫观，是元朝道教建筑中的经典之作，也是当时道教中全真派的一个重要据点。永乐宫以其浓郁的宗教建筑艺术和壁画艺术而驰名中外。在20世纪50年代，因兴建三门峡水库，要将原址淹没，国家为了保护这个珍贵民族文化遗产，1959~1964年，将永乐宫原物原貌搬迁到了现在的这个地方。永乐宫的搬迁也是世界文物史上的一个伟大而罕见的壮举。

# 唐陵中的杰出代表

## ⊙风采展示

历史悠久的华夏古国在建筑史上面可谓是遥遥领先于世界。有着"入土为安"思想的中国人，一定会不惜重金为自己挑选一块风水宝地，那么皇家的陵墓更是马虎不得半分的。其中，最独一无二的就是唐陵中的乾陵。

乾陵位于陕西省咸阳市乾县的梁山上面，是陕西关中地区的唐十八陵之一。陵墓的内围是仿照京师长安城建造的，是中国陵墓建筑中最具代表性的艺术杰作。乾陵建造在圆锥形石灰岩山体的梁山北峰之上，气势雄伟视野开阔，好像是俯视着两旁的东西两峰。

入殓乾陵的是唐王朝第三位皇帝高宗李治和中国历史上唯一的女皇帝武则天夫妇。根据史书的记载，陵墓被两堵厚重的城墙保护着，如此庄严而又严谨的构造，更加突出了唐代工匠们非凡的艺术造诣，正是因为如此，乾陵在中国陵墓的建造中更是有不可撼动的地位。

乾陵是在唐代帝王陵墓中发现的唯一有双重城垣的墓葬，乾陵那两座厚重的城墙一开始就给人一种沉重之感，其内城的建造象征着京城长安的皇城，外城就是官员和士民生活居住的郭城，这一建造格局

唐陵中的杰出代表——唐乾陵

93

直接反映了当时中国唐代都城的整体格局和皇权至高无上的地位。

站在梁山脚下的人们，无一不被乾陵恢弘的气势所震撼。

踏着537级的石阶缓缓而上，来到宽阔平坦的"司马道"，道路的终端就是"唐高宗陵墓"，屹立在司马道两侧的有华表一对，石马五对，翁仲十对，还有翼马、鸵鸟各一对。在司马道的东侧是武则天为自己建造的无字碑，给人一种稳重之感，被世人称赞的就是上面盘旋雕刻的九条螭龙，笔笔精雕细琢，龙腾若翔，好像随时都会驾云而去，而西边是武则天为唐高宗歌功颂德的述圣记碑，遥遥相对的石碑，在这空旷的大地之间给人们一种肃静厚重之感。

唐乾陵

特别让人注意的就是朱雀门外的两排无头石像，石像和真人的大小相同，但是打扮各异，有的是翻领缩袖，有的是袍服加身，但是无一例外都是双手作揖毕恭毕敬，仿佛是在迎接高宗随时会从上面走下来。当然，这些石像的头在岁月的流逝中被自然或人力无情地破坏了，我们已难见其原貌。

外部建造就如此恢弘，可想而知乾陵的内部构造是有多么玄妙了，那么现在就来领略一下其地下迷宫的秘密。

因为乾陵的发掘十分困难，至今都没有真正开发。根据专家的推测，乾陵的地宫是由墓道、过洞、天井、甬道和前、中、后三个墓室共同组成的，在中间的那个墓室置有棺床，用来放置高宗的棺椁。

⊙**趣闻链接**

很多人都只知道乾陵是一代女皇武则天之墓，只有很少的人知道这个墓是一双皇帝的合葬墓，而且在这块墓地的选择上还有一个有趣的传说。

唐高宗继位不久之后，他就命令长孙无忌和李淳风为自己选择陵寝之地。一日，他们巡视到了梁山之上，见到梁山直插云霄的主峰，与很多名山相连，是少有的龙脉圣地，于是赶紧回京禀报高宗，但是朝中有一个叫作袁天罡的大臣极力反对，说："梁山虽好，但是只保三代荣华，对于皇家来说太短了，而且梁山远看就像是裸露地坐在白云之下的一个妙龄少女，两条大腿左右翘起，东西两座山峰就像是傲然挺立的乳峰，若是选址于此，高宗必定被女人所伤。"李治一向优柔，朝堂之上并没有裁决，但是武则天听说此事之后心中一阵欣喜，因为在自己年幼的时候，袁天罡曾经说过自己有做皇帝的命，原本还不相信，但是现在看来不是空穴来风，于是晚上便给高宗李治吹了耳旁风，褒奖长孙无忌和李淳风，第二天李治便将凌寝选址于梁山。

## ⊙ 特色评点

作为我国唐朝最杰出的十八陵之一的乾陵，不但有神秘莫测的无字石碑，还有司马道旁的无头石像，在开掘的陵墓中发现的艺术瑰宝也是数不胜数，有百幅巧夺天工的墓室壁画，奢华大气的陪葬珠宝，更有甚者称王羲之

"依山为陵"的乾陵

的《兰亭集序》真迹也陪同武则天一直长眠于此。可以说乾陵确是中国古代奇绝瑰丽的艺术画廊。

作为"依山为陵"的乾陵，对我国古代历史建筑工程的发展也是里程碑性的建筑，它环山而造，气势磅礴，而且墓构奇妙，不知有多少史学家和盗墓者都没有找到乾陵的墓口，也正是如此，它对于后人了解唐朝的艺术、生活和政治都有重要意义。

# 四、我国著名的建筑师

# 新建筑的"开路人"

## ⊙风采展示

　　杨廷宝是我国当代最杰出的建筑大师之一。20世纪20年代，我国的近代建筑发展到了一个崭新的起点，我国的第一代建筑师也渐渐成长起来了。他们设计出了一批杰出的公共建筑以及民用建筑，他们开创出了我国近代建筑设计事业的范例，打破了外国人对建筑领域的垄断。杨廷宝称得上是我国当代建筑师的开路人之一。

　　在我国的现代建筑史上，最早崛起的建筑师是吕彦直。他设计出了很多具有划时代意义的作品，其中，最具代表性的便是广州的中山纪念堂和南京的中山陵。只可惜，他英年早逝了。接下来就到了杨廷宝这一代建筑师。他们在建筑实践上继续开拓进取，还开创出了我国建筑教育的事业。杨廷宝是这些杰出建筑师当中最为出类拔萃的一位。他卓尔不凡，驰誉当世。差不多半个世纪的时间，他创作了上百件建筑作品，遍及了我国的大江南北。

　　杨廷宝早年在外国留学时，受到了美国建筑从古典向现代过渡的影响，积累了很多西方古典建筑手法与技术知识。他刚刚学成归国之后的作品，如沈阳车站、沈阳东北大学等，不管是单体还是群体，都具有很强的模仿性，也显示出了那个时代的特征。

　　但在以后，他开始慢慢地结合我国的特色，在建筑风格上进行探索和创新。20世纪30年代初，杨廷宝和一些建筑工匠们实地修缮了北京的一些著名古建筑。1929年，杨廷宝加入了中国营造学社，在此，他对我国明清式建筑悉心研究，并从中吸取营养。另外，他在注重民间传统建筑的同时，也密切地注视着国外现代建筑的发展。他在学术上有了非常深厚的造诣，这为他的建筑设计打下了坚实的基础。

20世纪初，他所设计的很多建筑物就具有明显的中国风格特征了，如南京中央体育场、中央医院、金陵大学图书馆（也就是现在的南京大学老图书馆）等。这些建筑功能布局合理，建筑体型协调，比例和尺度也非常统一。从他的作品中，我们可以看到他追求的不是哗众取宠的表面形式，也不是赶时髦地照搬现代流行的建筑形式。他的建筑风格，从外在的造型到内在的功能上，都要高于同时代的其他国家的建筑师。

我国杰出的建筑大师——杨廷宝

在建筑的设计中，不管是从总体规划，还是在单体建筑、内部设计还有其他的细节上，他都非常注重环境和现实条件，在建筑的比例尺度与用材上，也必须要做到精益求精。20世纪50年代初，他更是把功能、环境、施工以及建筑的空间艺术高度地融合在一起，设计出了北京和平宾馆。这件作品简洁大方，朴素明朗，在国内外建筑界好评如潮。

## ⊙趣闻链接

1901年10月2日，建筑大师杨延宝出生在河南省的一个知识分子家庭，从小就受到了良好的艺术熏陶。1921年，杨延宝以优异的成绩从北京清华学校（也就是现在的清华大学）毕业。接着，他选择前往美国宾夕法尼亚大学建筑系继续深造。在出国留学时，他的随身物品是一条家乡的土布棉被和一面中国国旗。

刚到宾夕法尼亚大学念书时，杨延宝常常被那些贵气十足的欧美学生瞧不起，他们轻蔑地把他叫作"土气学生"。但是，对于那些冷眼和嘲笑，他丝毫都不理会，只专注于自己的功课。日子慢慢地过去了，终于有一天，他凭借着自身的天分与勤奋，在这些"贵气"子弟中脱颖而出，让曾经轻视他的人永远地闭上了嘴巴。

杨延宝故居

杨延宝花了2年的时间就修读完4年的课程，并在全美的设计竞赛中获得了一枚金牌和四枚铜牌的好成绩。而且，他的设计草图还被选入欧美建筑系的教材，他本人也被美国建筑界古典主义的代表人物保尔·克端利看重，并邀请他去自己的工作室帮忙。

## ⊙特色评点

杨延宝不像其他有名气的人那样故作高深、不苟言笑。他没有一点儿著名建筑师的架子，对每一项工程都会全程跟进。在工地上，除了指导工人该怎么做之外，还会自己动手，亲力亲为。他那平易近人的模样，才是真正的大师风范。

杨延宝作为我国近现代建筑设计开拓者和我国建筑学学科的创始人之一，为我国的建筑事业作出了不可磨灭的贡献。

# 研究中国古建筑的伉俪

⊙**风采展示**

在我国的建筑大师中，梁思成和林徽因夫妇的故事一直被人们广为熟知。

梁思成出生于1901年4月20日，他是清末思想家梁启超的长子，但是，除去父亲的光环，他毫不逊色于任何人，他是我国科学史事业的开拓者，是我国著名的建筑学家。他的妻子林徽因则出生于1904年6月10日，是我国著名的建筑师、诗人和作家。

1928年3月21日，梁思成和林徽因在加拿大渥太华结为伉俪。婚后，夫妻二人致力于发展我国的建筑事业。在山西，他们对古建筑做了大量的调查和实测工作，这不仅对科学研究做出了巨大的贡献，还让山西被埋没在荒野的众多国宝级的古代建筑重新出现在人们的视野当中，并开始走向世界，被世人所知。

20世纪20年代，梁思成和林徽因夫妇毕业于美国宾夕法尼亚大学的建筑系。在西方国家，他们领略到了完备的建筑史体系，所以，他们萌生了创建中国建筑史体系的愿望。因此在20世纪30年代，他们开始找寻中国大地上的古代建筑，

梁思成及其家人

101

梁思成和林徽因

他们在寻找、拍摄、测量与绘制上做出了大量的工作。这也是首次由他们对中国古建筑做出了比较系统的研究，让我国的古建筑第一次在世界上亮相。

梁思成和林徽因在文学、美术、教育等领域各具才华，为此，在各个领域吸引了一批杰出的朋友。这对他们扩大人脉和创造性思维的发展有一定的影响意义。但是，随即到来的战争摧毁了那美好的一切。战争不仅结束了梁思成和林徽因对古建筑的考察，也摧毁了他们的青春与健康，但没有阻止他们继续研究学术。在很长的一段时间内，他们以惊人的毅力，用几乎是燃烧生命的方式来坚持学术研究。

在创作风格上，林徽因显得更加灵动机敏而且富有创造性，梁思成则更沉稳严密，且有深厚的功底。在国外留学的时候，梁思成总喜欢泡在图书馆中。有时，中国学生相聚出去游玩，有人便跟林徽因打赌，看看她能否请出正在画图的梁思成。林徽因神采飞扬地跑去找梁思成，但每一次都是让她失望地离开。

## ⊙趣闻链接

可以说，日本的奈良城是梁思成救下来的。1945年，美国对日本宣战，当得知美军可能空袭日本奈良的时候，梁思成的心情非常复杂。当时，他目睹了日本侵略者惨绝人寰的行为，而且还有两位亲人牺牲在了抗日战场上。但梁思成经过一番复杂的思想斗争之后，向盟军提出了保护日本奈良这座古城的建议。这让美国人很难理解。在他们看来，梁思成作为一个备受侵略与奴役的国家的公民，竟然为保护敌国的古建筑而呕心沥血，这实在太难以理解了！梁思成却表示：从自己个人感情的角度出发，他恨不得把整个日本都炸毁了。但是，建筑不是某一民族的财产，而是全人类文明的结晶。而奈良的唐招提寺，是全世界最早的木结构建筑之一，如果被炸毁了，将造成无法弥补的损伤。

就这样，梁思成的肺腑之言感动了在场的所有人，他的这种高尚的思想境界，以及超越国界的先进理念，也感染了每一个人。最终，他成功地救下了奈良城。

## ⊙ 特色评点

梁思成写出了我国的第一部建筑史，让我们看到了我国建筑发展的过程。他们夫妇一生都在研究我国的古建筑，对我国建筑教育事业的创立和发展，以及对城市规划和文物保护作出了卓越不凡的贡献。

他们对建筑物不管是整体还是局部，都会详细地进行绘图与测量；对每个构件和装饰，都会由里到外，由正面到侧面仔仔细细地加以记录；对所有碑文和史料都准确无误地记录着。正是这种一丝不苟的工作态度，让他们取得了许多研究成果。他们测绘出的很多图纸具有国际领先水平。梁思成夫妇根据实地勘察得来的丰富资料，去粗存精，加以分析比较，使我国的古建筑拂去尘埃，重新屹立于世界文化之巅。

# 现代建筑的奠基人

⊙**风采展示**

我国现代建筑学上，出现了一批奠基人，刘敦桢教授是其中最具代表性的一位。

刘敦桢于1897年9月19日出生在一个官宦之家。他受兄长的影响，从小就立志报效祖国，走一条"科学救国"的道路。1913年，刘敦桢留学日本，先后就读于东京高等工业学校机械科和建筑科。9年后，他学成归国，在上海等地开始从事建筑设计和建筑教育的工作，为我国培养了一批相当重要的建筑人才。1927年，刘敦桢参与筹建中央大学建筑系，后来又加入到了中国营造学社，开始发掘与考订古建筑文献。

20世纪30年代，中国建筑界就有"南刘北梁"的说法，这"南刘"指的就是刘敦桢，"北梁"则是指梁思成。新中国成立之后，刘敦桢在南京大学，南京工学院建筑系担任教授、系主任等职务。除了日常的教学任务与培养中青年教师之外，刘敦桢在我国传统民居与古典园林的研究中，以及对我国建筑历史总结与撰写上，做了很多卓尔不凡的工作。

另外，他还创建了华海建筑师事务所，这是第一个由中国人自己经营的建筑师事务所。他也曾多次主持了我国建筑史的编纂工作，并出版了《苏州古典园林》等在建筑史上颇具影响力的专著。新中国成立之后，刘敦桢除了继续讲课之外，还大力培养了一批青年教师和学生，这其中，有不少人后来都成为我国建筑界的中坚骨干。在《中国古代建筑史》的编写工作中，刘敦桢投入了极大精力。这本书于1988年获得全国高等学校优秀教材特等奖，书中的内容非常丰富，图文并茂。

刘敦桢一生都致力于建筑研究和教学当中，他把金钱看得非常淡。身为一位著名的建筑大师，他从未给自己和家人盖过一砖半瓦，没有为家人留下过什么物质财富，只有将自己的毕生心血化成书稿留给后人。在50多年里，刘敦桢把自己的大部分时间都留在了学校里。为了办好学校的建筑系，他曾多次放弃了经济待遇更好的职务，一直坚守在这平凡而伟大的岗位中，为我国的建筑事业呕心沥血，直至生命的最后一刻。

伟大的建筑师——刘敦桢

## ⊙趣闻链接

在抗日战争的前夕，日本帝国主义者先后占领了东北和热河，在得知刘敦桢曾经留学日本，又加之他擅长于古建筑后，日军要他去承德为伪满政府整修避暑山庄。日本人先是以10万大洋来引诱刘敦桢，引诱不成功，又开始大肆威胁，但都被刘敦桢毫不留情地拒绝了。

虽然刘敦桢非常痛恨日本侵略者，但不可否认，日本对刘敦桢的学术影响非常大。自从"明治维新"之后，日本得到了迅速的发展，这对刘敦桢产生了极深的印象。日本的迅速发展跟民族自身的奋发图强和艰苦奋斗是密不可分的。所以，刘敦桢对自己也非常严格，除了刻苦学习之外，他还积极地锻炼身体。在留学期间，刘敦桢既是学业上的优等生，又是游泳、足球与田径运动的健将。

此外，日本对本国的古建筑文化非常重视，也常常采取着意保护的措施，这给予了刘敦桢诸多的启示与反思。这让他进一步认识到我国在这方面的努力不足，并坚定了他日后从事研究中国古建筑的决心。但是，一场"文化大革命"给了他重大的打击。对古典园林的研究，是刘敦桢"文革"时最大的罪名，说他"假借整理民族文化的名义，来宣扬封建社会的腐朽没落"。在"文化大革命"中，他身心俱创，一病不起，终年71岁。直至1979年冬，这位伟大的建筑大师才得以平反。

## ⊙特色评点

刘敦桢是我国著名的建筑学家、建筑史学家和建筑教育家。他是我国建筑史学的开拓者，是我国古建筑研究领域的先驱，也是我国现代建筑学的重要奠基人之一。他长期从事建筑教育和建筑历史研究工作，在对我国华北和西南地区的古建筑调查，以及对中国传统民居和园林的研究方面，都作出了巨大的贡献。此外，他也开创了我国现代建筑教育历史的新篇章。

# 勤劳的"实干家"

⊙**风采展示**

建筑大师赵深终其一生都置身于建筑设计的创作与工程实践中，他是一名地地道道的实干家，但他没有留下任何著作论述。然而，从他的设计方案、构思观点，以及指导他人的设计方案的见解中，都体现出了非常精辟的建筑理论。可惜这些宝贵的见解都是口头表达出来的，并没有及时加以记录整理。

赵深于1898年8月15日出生于江苏无锡，1911年，他考入了清华学校，9年后，他又考取公费赴美留学，并于1923年获得硕士学位。赵深在美国期间，还参与了芝加哥大学摩天教学大楼的设计。

在建筑上，他始终认为所有的建筑物都有一个共性，但建筑师们务必要注意与突出建筑物的个性来。不仅要实现建筑的功能要求，其造型也应当多样化、现代化。作为一名"实干家"，赵深为我们留下了大量的建筑作品，其中包括了他的早期作品：上海八仙桥青年会大楼、上海南京大戏院、南京铁道部办公楼等。还有其他阶段的作品，如南京外交部大楼、大上海大戏院、上海浙江兴业银行、无锡茂新面粉厂、无锡申新纺织三厂、昆明聚兴城银行、无锡江南大学、杭州西泠饭店、苏州饭店、福州大学、泉州华侨大学、上海虹桥国际机场等。

建筑大师赵深

赵深在建筑艺术上独具风格，他对西方的建筑有

107

比较深入的研究，对我国的传统建筑也有扎实的功底，所以，他的建筑艺术风格是一种中西结合的方式。他不赞成那些追求形式而牺牲了实用的设计，他非常重视建筑的实际功能，只有在满足功能的前提下，才去力求建筑造型之美。同时，他也非常注重造价经济的预算，反对不顾经济预算而任意发挥以及滥用高档材料的做法。他的建筑作品大都朴实大方，典雅自然，丝毫不存在矫揉造作、刻意雕琢的做法。

### ⊙趣闻链接

赵深一生都奔波于建筑事业中，但是，"天将降大任于斯人也，必先苦其心志、劳其筋骨"，老天为他安排的苦难可却一点儿也不少。他自幼体弱多病，5岁时生了一场大病，因救治无效，家人都以为他已经去世了。在临下棺材之际，母亲为他梳洗时，不想他却慢慢悠悠地苏醒过来了。此后，养病2年才得以恢复。

1919年，赵深又因为患上肠瘘而动手术，但不幸留下了后遗症，这为他工作、出差造成极大的影响。另外，赵深的胃也不太健康，平时得靠清淡的饮食调养着。

赵深还曾自请入狱，他的这个故事在今天依然让我们无比感慨。这跟他在昆明设计的大逸乐戏院有关。当时，日本侵略者轰炸昆明，在戏院附近投下了6枚炸弹，使得整幢建筑物产生了很大的位移，并导致了屋架的倾斜。当即，赵深就为业主拟定了修整计划，希望能尽快停业修理。但逸乐戏院根本就不加理会。随后，又

赵深设计的上海八仙桥青年会大楼

被轰炸了一次，让这幢建筑再次受损，但业主依然没打算整修，依旧照常营业。没想到几天之后，在一次晚场放映时，楼房突然坍塌，造成了极其严重的伤亡。听说了这个事故后，赵深跑去公安局自首。但后来经过鉴定，发现屋架设计与构造并无错误，事故的责任在于业主，于是赵深在被拘留20天后释放了，但他仍然拿出了自己的全部设计费用来抚恤死伤者。

由此可见，赵深不仅是一个造诣极深的建筑家，还有着强烈的责任心。

## ⊙特色评点

赵深是我国建筑学上有较深造诣的著名建筑师之一，他为人谦虚，从不矜己之长，也不攻人之短。他对自己的作品从不夸夸其谈，也不对别人的作品评头论足，他总是不断总结自己的弱点，并引为教训。在指导学生的时候，他也不把自己的观点强加给他人，而是顺着对方的构思来进行辅导。作为一个实干型的建筑家，赵深毕生所负责设计及在其指导下完成的作品相当丰富，为我国建筑事业留下了大量的实物瑰宝。

# 岭南建筑的创始人

⊙**风采展示**

　　说起夏昌世这个名字，可能普通人并不熟悉，但如果你问一个中国建筑界人士，那肯定会得到这样的回答："他可是中国真正的建筑大师！"是的，夏昌世是我国现代建筑史上一个令人无法忽略的名字。

　　1903年，夏昌世出生于广东新会的一个华侨工程师的家庭。一个偶然的机会，让幼时的夏昌世的心中种下了建筑的种子。年轻的时候，他游学德国并在1928年获得了工程师资格。1932年，年轻的夏昌世成为德国蒂宾根大学的博士，同年回国就任南京铁道部和交通部的工程师。之后开始了自己的教学生涯，并在南方多所名校先后从事建筑学教育工作。

　　夏昌世的建筑思想主要表现在：创造性地将德国建筑中的实用、精巧和理性元素与我国传统园林建筑的灵活、意境和自然结合在了一起，并因地制宜，讲究根据当地地域气候特点和建筑材料来设计建筑。这样的思想使得他设计的建筑作品朴实、兼容并且极富实用性、时代性。夏昌世在其设计的建筑中总在强调因地制宜、以人为本和建筑设计适应性。

　　他是我国最早关注岭南地区炎热气候，建筑需要遮阳、隔热设计的建筑大师，他建议岭南建筑平面设计方面要考虑穿堂风的问题，并尝试在新建筑中运用多种构建材料。夏昌世很早就已经在岭南建筑界成名，他极富创新性的设计理念和超前的建筑思维使其设计的作品无一不是精品，对岭南建筑界影响深远，是岭南现代建筑的创始人。

　　夏昌世在岭南设计的第一个被广泛认可的著名建筑是华南土特产交流会

中的一个水产馆。夏昌世在进口处设计了两个水池，沙地在旁边铺设，并且创造性地设计了以架桥渡水的方式进入水产馆门厅。看过这个水产馆的人们形容，这个建筑从平面上看它像一条鱼，从立体上看它像一艘船，真的做到了横看成岭侧成峰的境界。整个建筑平面安排十分灵活适当，里面处理也明快活泼，圆柱细小，檐口低薄，水泥灰本色朴素无华。在那个年代，这个水产馆建筑将实用性与艺术性完美结合，尽量降低建筑成本，是当时的一个创意建筑。这个建筑的现代主义思想无疑是对当时建筑创作观念形成了有力的冲击，也受到了当时很多旧时代中国建筑主导思想人士严厉的批评，认为是资本主义国家的东西。正是由于这些各方面的批评，使得夏昌世的建筑更多地进入人们的视野，也使得中国的现代建筑理念开始萌发。

## ⊙趣闻链接

谈到夏昌世这个人，认识他的人都会形容他是一个穿着"花衬衫"的潇洒先生，从他与那个时代格格不入的穿衣风格以及洋气十足的名士派头，都让身边的人感觉到他那与众不同的气场。有人说夏昌世十分高傲，眼高于顶，其实不然。熟悉夏昌世的人都会感到他的平易近人。从医生到木匠，只要谈得来，就都是他的朋友。夏昌世还有一个趣闻，就是"夏日长"的故事。他第一次遮阳设计实践时，在设计图上并没有署名夏昌世，而是写上了一个夏日长的名字。很多人在看设计图时不知夏日长是何人，最后才知道夏日长就是夏昌世，问之，才知大师的意思：人皆苦炎热，我爱夏日长。

另外夏昌世还有一个很怪的收学生的要求。他曾说过："不念《红楼梦》的就不要当我的学生。"他那诙谐幽默的性格也给他的学生们留下了深刻的印象。不拘小节，肆意潇洒的夏昌世，在学生眼里是师长，也是朋友，他的思想深深影响着

夏昌世设计的作品

一代代中国现代建筑人。

## ⊙ **特色评点**

作为中国最有名的现代建筑师，夏昌世是最早将现代主义的建筑理念引入中国，并创造性地融入中国岭南的庭院建筑和南方园林建筑风格中，形成了独特的岭南现代建筑风格。他高超的建筑设计水平、实事求是的建筑设计态度和节俭实用的建筑设计作风，对我国年青一代的建筑人才产生了深远的影响。夏昌世教授将自己的一生都奉献给了中国现代建筑的发展，培养了一批优秀的中国现代建筑师，并留下了许多经典的精美作品，受到国内外建筑行业人士的一致好评。夏昌世先生是我国当之无愧的岭南现代建筑学派的先驱。

# 一脉相承的建筑师父子

## ⊙风采展示

在我国建筑史中，张开济和张永和这对建筑师父子为人们留下了许多经典的作品。儿子张永和可以说是青出于蓝而胜于蓝。从前，人们都这样说：张永和是张开济的儿子，那个建筑设计大师，那个设计了天安门观礼台、革命博物馆、历史博物馆、钓鱼台国宾馆、北京天文馆等著名建筑大师张开济的儿子；但现在，人们反过来了，会说：张开济是被称为"中国现代主义建筑之父"的著名建筑师张永和的父亲。

虽然都是建筑大师，且出生于建筑世家，但这对父子的建筑风格却截然不同。张开济是我国的第二代建筑师，也是我国的第一批设计大师，他曾经担任过北京市建筑设计研究院的总建筑师，是一位教授级别的高级工程师，在我国建筑界起到了承上启下的作用。而张永和却在美国学习时受到影响，始终保持着一种有别于我国传统建筑师的姿态。他总是强调建筑设计者要像人类学家那样研究人们活动的细节和意义，要像艺术家那样对自身经历与生活环境保持着敏锐的洞察力，要像小说家一样细致入微地观察生活，这样才能体察人类的活动和环境之间的关系。很显然，张永和所主张的建筑风格更加现代化了。

身为我国第二代著名的建筑师之

张开济（左三）

113

武汉长江大桥

一，张开济留下了武汉长江大桥、北京劳动保护展览馆等著名作品，在1990年，他被建设部授于“建筑设计大师”称号。2000年，他荣获中国首届“梁思成建筑奖”。相比父亲的成就而言，儿子张永和显然更甚一筹。1992年开始，就多次参加亚洲、欧洲、美洲等地举办的国际建筑及艺术展，并在2000年获得了联合国教科文组织艺术贡献奖；他还以唯一的中国建筑师身份参加了第7届威尼斯建筑双年展。在建筑史上，张永和这个名字也享誉国内外。

**⊙趣闻链接**

作为建筑大师张开济的儿子，张永和选择建筑是不是与父亲有关系呢？答案是肯定的，张永和称，自己的确是因为父亲的缘故才学了建筑。当时是1977年，刚刚恢复高考，张永和正面临着选专业的大难题，他想学油画，但苦于自己的绘画功底太差，由于数理化不好，所以也学不了理工科。于是，父亲张开济就建议他也去学建筑，表示学建筑不需要很好的绘画功底，也不用太多的数理化知识。就这样，张永和就报考了父亲的母校——南京工学院，并被顺利录取了。

张永和的兴趣非常广泛，他平时非常“不务正业”，除了做建筑与其他设计之外，他还花样百出，会写剧本、出书以及拍摄微电影。他表示，自己在年轻的时候是个典型的文艺青年，只要是视觉艺术，都让他很难拒绝。

在学生时代，张永和的一位南非老师为他推荐了一部爱尔兰小说，里边提及到了“二战”之后的都柏林，由于财务状况不佳，警察局只好搬到了一幢建筑的一米宽的夹墙中去。小说中的场景诱发了张永和的好奇心，身为建筑师的他就老琢磨，能不能真的建造出这种结构的警察局来呢？后

来，他按照自己的想象与书中所描
述的场景画了图，并做了一
个建筑模型，这个模型
后来还成为了成都双年
展中的一个展品。张永
和的发散性思维极强，
老想着一些奇奇怪怪的事
情，书中没有提到警察局夹墙
中的建筑到底是什么，他就想象那是
一个中餐馆，里面有一个来自北京的艺
术家在那里当厨师。

张永和和朋友的合影

## ⊙**特色评点**

在我国的建筑史上，张开济是一位起着过渡作用的建筑大师，对现代建筑的发展起着重大的影响意义，在北京，他还留下了历史博物馆和天安门观礼台等辉煌的建筑作品，在我国建筑史上具有划时代意义；张永和则是我国"现代主义建筑之父"，他作为一位中国建筑师，参与了很多国际性的活动，并对海外的"中国建筑"起到了重要的影响作用。他代表着我国青年建筑师开始在世界建筑舞台上担任着重要的角色。

# 我国寿命最长的建筑师

⊙**风采展示**

我国著名的建筑师庄俊活了一个多世纪，他是目前最长寿的一位建筑师。他1888年出生于上海，原籍是浙江宁波。庄俊在5岁的时候，父亲就不幸去世了，只能靠伯父经营祖传酒行的分利勉强维持家计。由于他家里人口众多，所以当时的生活相当艰难。但贫寒的家境阻挡不了庄俊发愤图强的决心，经过不断的努力，1910年，他考取庚款公费留美，成为我国第一位留学美国的建筑师。

1914年，清华学堂开始筹建校舍楼馆。于是，学校就把刚毕业并获得了建筑工程学士学位的庄俊召了回来，并聘任他为讲师兼驻校建筑师。

在当时，庄俊是我国首位获得建筑工程学位以及"建筑师"职称的人。在清华学堂的校舍工程中，庄俊主要是配合设计师，参与了校区建设规划和部分设计工作，并对图书馆、大礼堂、科学馆、体育馆等建筑进行监造。1923年秋天，庄俊再度赴美，来到纽约哥伦比亚大学研究院进修，在这一年多的时间里，他广泛地考察了欧美大陆各国的新老建筑物。这对他的建筑风格有了很大的影响，在早期，他的作品是西方古典主义风格，直到1932年后，他的建筑风格才开始趋向于简洁化。

1920~1930年，上海的建筑业务基本上被外国建筑师

建筑师庄俊

所垄断了，而中国建筑师能够与外商竞争的还寥寥无
几，庄俊就是其中之一。1928年，由庄俊设计的金
城银行大楼落成，这座建筑设计得有章有法，
体现了欧洲文艺复兴时期的建筑风格与20世
纪初期典型的建筑技术。这幢建筑物的完
成，向世人宣告了：中国人也能设计出现
代化、高艺术的大建筑。在20世纪20年
代中期到30年代中期的这十年当中，庄
俊的创作达到了鼎盛的时期。在这一
阶段，他的主要作品包括了汉口金城银
行，济南、哈尔滨、大连、青岛、徐州的

建筑师庄俊的作品——东海大楼

交通银行、中国科学院上海理化试验所、东海大楼、上海交通大学总办公厅
和体育馆，长宁区妇产科医院、上海虹口公寓等。此外，他还设计了很多小
住宅、小别墅之类的建筑物。

## ⊙趣闻链接

　　建筑师庄俊的为人十分正直、忠厚、朴实、谦逊，他办事极其认真，治
学也非常严谨。他提倡职业道德，反对工作中的不正之风。据说，有一回，
一名营造厂商送给他一个皮统子，他坚定地把礼物给退回了，并劝告厂商不
可这样做。庄俊的做法让这个厂商十分感动。后来，在庄俊的追悼会那天，
那位厂商正好从香港来到了上海，为了表达他对庄俊的崇敬，他直接从码头
驱车赶到了殡仪馆，并当场决定捐赠10万美元，建造一座"庄俊纪念馆"，
以表扬庄俊一生成就。庄俊认真严谨的工作态度让这个厂商始终铭记不忘。

　　另外，庄俊对子女的要求也十分严格，他希望自己的子孙后代从小树立
勤劳刻苦的精神，做到舍己为群、朝气蓬勃、保持气节、忠诚老实地为国家
服务。这是庄俊对子孙后代的期望，也是自己身体力行的准则。

　　上海临近解放时，庄俊的儿子在美国留学，并得到了英门建筑师事务所

117

的阿尔文·英门的器重，劝他长期留下工作，而且请他转告庄俊，邀请他们夫妇来纽约定居，希望庄俊能与英门合作，还愿意把"英门建筑师事务所"改名为"英门、庄俊建筑师事务所"。庄俊为儿子回了一封信，信上除了感谢阿尔文·英门的好意之外，还告诫儿子应当为祖国做贡献。儿子听从了父亲的意见，几经辗转奔波后，1950年回到了祖国的怀抱。儿子回国后，庄俊让他先到一个条件比较艰苦的地方体验生活。庄俊这种冲破世俗的观念，出现在老一辈的知识分子身上，是非常难能可贵的。

## ⊙特色评点

　　庄俊是我国首位留学美国的建筑师，他长期以来从事建筑设计工作，并留下了大量的经典作品。另外，他还发起并组织了我国第一个建筑师的组织"中国建筑师学会"，并制定出"诚约"，这对增强建筑师的团结起到了非常重要的作用，同时也提高了建筑师的职业道德观念。总之，庄俊为我国建筑师的崛起和打破国外建筑师垄断上海建筑一统天下的局面，作出了巨大的贡献。

# 另类建筑师

⊙**风采展示**

在所有的建筑师当中，艾未未显然是一个另类。他有许多的噱头来吸引人们的注意力，他是建筑师，是艺术家，是策展人，也可能是古家具专卖商。

艾未未是我国著名诗人艾青之子，他于1957年8月在北京出生。童年时期，他常常跟着父母过着一种流放般的生活。他去过东北，也去过新疆。当时，他们的家是一个"地窝子"，也就是在地上打个洞，然后在上边搭上树枝，铺上茅草盖顶，就成了"窝"。那时很长一段日子里，他们就过着这种"半穴居"的生活。1978年，艾未未进入北京电影学院学习。在第二年春天的一次画展上，展出了他的作品，自此，他名声大振，轰动一时，甚至被艺术界称之为新时期中国第一批先锋主义作品。但是，对于这份殊荣，艾未未显然没有多加注意。用他自己的话来说，他只是在自己的作品中发泄出了一种强烈的情绪而已。

曾经有一度，北京北顺路一带都仿照艾未未的建筑风格建造建筑物。事实上，他在艺术家当中，绝对谈不上有多么标新立异。他的建筑作品只不过是他生活中的小游戏而已。正如他自己所说的："可以没有艺术，但不能没有生活，生活到过瘾的时候，都是艺术。"

艾未未（右二）与朋友

119

艾未未的特立独行的风格让他成为了世界上著名的艺术家。2010年，他在世界艺术影响力榜上，名列第13位。另外，他还具有英国皇家艺术学院荣誉院士的称号。

1998~2006年，艾未未担任我国艺术文件库的艺术总监，并从事设计、艺术、策展等领域的工作。他还曾先后在美国、德国、瑞典、韩国、瑞士、意大利、比利时等多个国家举办了个人艺术展览。他的主要建筑作品包括了北京SOHO现代城景观、北京"长城脚下的公社"景观以及浙江金华艾青文化公园和乌江大坝等。

## ⊙趣闻链接

艾未未是一个天生叛逆的人，圈子里的人都说他是一个"大仙儿"。这可能跟他"说话不算数"有关。如果有人拿他之前说过的话来问他，他总会冷冷地回答人家，自己说过的话那么多，怎么会每一句都记得呢！如果实在想不起来了，对方又逼问得紧，他还会生气地告诉人家："我昨天和今天说的话不一样，今天和明天说的话也将不一样，我就是一个有人格分裂的人。"这真是让人无可奈何呀！

由此可见，艾未未是一个摆脱了琐碎细节的人，不甘心受到羁绊，也不在意他人的评价，总是自顾自地过着自己的生活。

曾经有一次，那一次，艾未未去参加一个活动，但是登上飞机还没坐稳，飞机就开始滑行了。艾未未就向一旁的空姐抱怨，见空姐的态度不怎么好就生气了，于是双方就争执起来了。从这件事来看，艾未未好像很强悍。但那些跟艾未未熟悉的人却并不这样认为，都说他为人随便，并不刻板和执拗。

## ⊙特色评点

艾未未浑身上下都充满着艺术家的气息，留着满脸的大胡子，即使在媒体面前，也毫不在意自己的形象。他的这种特立独行的个性不仅体现在个性上，也表现在他的作品当中。他还尤其擅长用颠覆性的思维，来推倒既成的标准与艺术的樊篱。他那空空框框的建筑作品，也体现出了他那透明、无需遮掩、坦坦荡荡的个性特征。另外，我们从他多次调侃自己"患有人格分裂症"中可得知，在建筑师当中，他绝对是一个"前无古人后无来者"的特殊存在。

艾未未的作品

# 五、高标准的现代化建筑

# 上海世茂国际广场

## ⊙风采展示

在上海市南京路商业中心区，有一座非常有名的现代化建筑——上海世茂国际广场。作为中国国内最时尚摩登的大型商场和百货业界的领头羊，它是现代化建筑的代表作之一。随着改革开放的不断进步，现在的南京路俨然成为现代商业展示的舞台中心，而坐落其中的世茂国际广场以其独具特色的建筑艺术风格业已成为重要的标志性景点。这座极具现代化科技特色的建筑现已被全世界所知晓，并逐渐发展成为一座集娱乐、休闲、时尚、导购为一体的现代化建筑。

自2002年7月开始动工建设，到2007年1月建筑的所有项目完工，这座广场的建造消耗了四年半的时间。上海世茂国际广场主体建筑质量一流。它的总体面积达到了17万平方米，主要建筑高至333.3米。为上海浦西商业建筑之冠。站在这座建筑最顶端的游客可以俯瞰整个繁荣的南京路风景，体验不同一般。

上海世茂国际广场全部是由现代化材料建造而成，其中沪宁钢机负责这项工程部分的钢材结

美丽的上海世茂国际广场

124

构的特殊化设计。其外体采用的是单元式全幕影像墙，强化玻璃可以阻挡辐射侵袭，在保证采光率充足的前提下避免了阳光的强烈反射，有效地给予了视觉上的全方位展示效果。它的设计版图集合了当时首屈一指的设计家们的灵感，建筑风格别树一帜，造型新颖。

另外，世茂国际广场处于最时尚奢侈的南京路商业步行街的起点，有着独特的地理位置优势，蕴含着丰厚的商业机遇和不可估测的商业价值。据统计，世茂国际广场的一年的游客量超过了8亿人次，庞大的游客流量给予了这座国际性购物广场难以想象的消费力量。至于为什么会有那么多游客选择这座购物广场来消费呢？答案就是取决于其管理者对时尚和购物的敏感把握。

## ⊙趣闻链接

上海世茂国际广场的造型较为奇特，在大楼的顶端有两个长长的触角直伸苍穹，据传闻，这样的大楼设计是依照风水理论创设的，大楼的棱角分明，还有五行八卦设计，寓意是守护辟邪，挡阻灾害。

世茂国际广场之中的世茂皇家艾美酒店占据面积相当大，拥有770间客房，环境优雅，有东方巴黎之称。入住的客人可以通过客房部的超大落地玻璃窗，观看黄浦江、人民广场的景色，以及南京路上的天景。套房面积最小的是48平方米，最大的达到了377平方米。酒店之中还有各种娱乐设施，其中，布置清新典雅的789南京路酒吧位于酒店最上面的三层位置，可以360°观察室外全景。伴随着轻柔的音乐或者激烈的DJ劲爆乐曲，客人可以随意品尝风味的美酒。而另外一家相当出名的悦廊酒吧则带给客人如家般休闲轻松的感觉，从早至晚间

现代化建筑——上海世茂国际广场

断供应各式美味以及鸡尾酒，令人垂涎欲滴的菜单中包括超多享誉全球的特色菜肴，比如大开胃口的风味蛋糕、各式甜点、多种凉爽的冰镇果汁和暖胃养身的咖啡利口酒等。酒店中还有各种特色餐厅，可以提供意大利菜品、法国风情的佳肴以及正宗粤菜。

## ⊙特色评点

上海世茂国际广场的经营理念是以高档、时尚为主，打造品牌效应，广受人们的青睐。

另外，在软件和硬件设施建设中，世茂国际广场更是不计成本地不断改进，以高额的薪水为代价，引进了国外一流的商业管理集团进行管理，并且大楼在技术上实现了最先进的全自动化系统管理，在防火、防盗、通行等方面的管理上做到全程监控，让客人可以放心地入住。

不同角度的上海世茂国际广场

# 生态与科技的完美融合

⊙**风采展示**

南京朗诗城市广场是我国著名的十大现代建筑之一，它的外观优雅简洁，内部则有着高水准、高科技的功能，并把生态化与科技化完美地结合起来，成为南京河西新城区内的最具标志性的建筑。

南京朗诗城市广场位于南京市河西新城区中商业区与商务区的十字交叉点处，总占地面积大约为32 778平方米，总建筑面积为22万平方米。它地处新城区的黄金地段，交通便利、人群流动量大、周边文化氛围浓厚，这些因素都为广场的建造奠定了扎实的基础。

广场的主楼建筑以写字楼为主，在设计方面具有其独特之处：写字楼的每一层高约4米，首层接待大堂净高12米，大格局大空间的设计无疑充分彰显出了企业尊贵的身份。主楼里的公共通道呈交叉的十字形，这使得人们无论是在平时还是在有事故发生的时候，都可以在最短的时间内，通过最短的距离到达电梯厅或安全出口处，方便人们通行。

在对楼内的平面布局进行设计时，没有"加柱装饰"这一项，因此办公空间显得格外开阔、宽敞，人们可以按照自己的需求或意愿对其进行任意分隔。除此以外，主楼在低、中、高3段中分别设有层高8米的特殊办公空间，可充分满足不同企业设置个性办公空间的需求。大厦中段设有集职员餐厅、自动提款机、

南京美景

127

花店、邮局等配套设施，使人们足不出楼就可以享受到各种配套服务。同时设置的会员式三层高级会所与园林景观相结合，使该写字楼成为南京首家可以让人们在高空中体验都市魅力的国际品质写字楼。

南京朗诗城市广场占据区域中心和交通枢纽的主导地位，在注重环保、节能、健康的前提下，充分利用先进的科学技术，创造了立体式生态园林与高效实用功能空间相结合的现代化建筑，塑造了高端的物业形象。该项目定位于集商业写字楼、高档酒店及高档餐饮、高级休闲娱乐于一体的商业综合体，同时拥有良好的区位因素、优秀的自身条件以及合理的布局规划。

## ⊙趣闻链接

南京朗诗城市广场不仅是我国著名的十大现代建筑之一，同时也是我国十大烧钱的建筑之一，那么它又是怎么"烧钱"的呢？

原来，南京朗诗国际广场占地面积广，因此投入了大量的征用土地费用，而且，城市广场的主楼很高，国家对这类高层建筑的要求是非常严格的，因此要建设一座像南京朗诗城市国际广场这样的超高建筑，就必须在建筑材料和配套设施上投入大量的人力、物力和财力，从而大大提高了建设成本。

国家兴建南京朗诗城市广场这样高科技、现代化的高级建筑，正是为了满足不同消费人群的多重需求；同时，通过这些中国大地上的新地标来展示国家雄厚的经济实力，为人们提供多样化服务，既利国，又利民。可是，仍有很多人无法真正了解南京朗诗城市广场的价值，甚至怀疑这些花巨资建设的高级建筑，是否真的值得国家花那么多钱费那么多精力去建设？正因如此，南京朗诗城市广场常被人们调侃为"中国最烧

南京朗诗城市广场

钱的十大建筑之一"。

## ⊙特色评点

南京朗诗城市广场的整体设计优雅简洁，主楼采用的玻璃立面设计更加彰显现代化，"竹子"的外观造型不仅视觉效果独特，同时蕴含着深深的中国文化内涵。城市广场集商业、办公、餐饮和娱乐等功能于一体，多元化功能定位能够充分满足人们的多种需求。南京朗诗城市广场是运用当代先进的科学技术，秉承健康、科技、环保的企业理念创造的生态化与科技化完美结合的高级智能化现代建筑，是一座具有国际品质的写字楼，也是我国科技快速发展、经济繁荣昌盛的重要体现。

# 最具艺术魅力的建筑

## ⊙风采展示

在汉江、长江的交接处，一个伟大的工程建筑矗立于此，月湖的湖水潺潺地从中穿过，在这附近，汉江、梅子山、古琴台等著名的自然景观与人文景观簇拥。这个伟大的工程建筑就是武汉琴台文化艺术中心。它的建成为武汉添上一笔鲜亮的色彩，它是武汉最具标志性的艺术建筑物。琴台文化艺术中心总建筑面积达6万平方米，包括了大剧院、音乐厅等附属设施。作为第8届中国艺术节主会场，琴台文化艺术中心令无数武汉人骄傲不已，武汉人终于也有了欣赏国际艺术的场所。

琴台文化艺术中心主要以演出活动为主，另外，还有举办各种展览、音乐会等功能，是配套齐全的大型艺术中心。从琴台文化艺术中心的整体布局来看，中心只体现了朴实二字。圆形的平面布局看似老掉牙，但实际上正是这样的圆才与月湖形成和谐的弧线。两岸的建筑像是退在一旁，用双手环抱月湖，琴台文化艺术中心则偎依在自然的怀抱里，非常有意境。大剧院、音乐厅以及附属建筑之间有着相互对应的张力，大剧院与音乐厅一高一矮的巧妙构思，使这两个建筑单体如同伯牙与子期，一个在缓缓地倾诉着，而另一个则静静地倾听着。立于一侧的附属建筑则像伯牙与子期身旁的童子，不惊不扰，不张扬

琴台文化艺术中心

也不卑怯。

琴台大剧院总进深50米，占地约
24 500多平方米，总的建筑面积达
65400多平方米。大剧院的外形取意
于古琴，琴弦根根有力，古琴似乎正
演奏着一曲美妙的古乐。琴台大剧院很
好地诠释了如何将现代、古典合为一体，在耐

琴台音乐厅内景

人寻味的同时，也将一种生命的活力展示在人们面前。大剧院的地下共有4
层，地上共有6层，建筑的高度达40米。最令人称赞的是大剧院共能容纳1
800个观众，成为国内特大型剧场之一。

琴台音乐厅以流水知音为主题，内部造型创意十足，运用了世界最流行
的欧洲经典鞋盒造型。从音乐厅到大剧院，仅需要走过一条洋溢着诗意的步
行廊，游人来到这儿，似乎来到了一片只有音乐、只有舞台剧的桃花源，远
离了喧嚣的城市，远离了功名利禄，以最质朴的情绪去感受琴台文化艺术中
心的艺术气息。

人们来到琴台文化艺术中心，即便不欣赏音乐，不欣赏舞台剧，也不会
闲着无聊。放眼望去，到处是风景。那梅子山下妙趣横生的人工湿地，耳听
流水潺潺，眼看青草蒙蒙，岸边莲花朵朵、蒲草青青的蜻蜓湖，都耐人观
赏。漫步知音岛，大片葱葱郁郁的树阴为人们遮挡夏日酷热的阳光，那地上
只留下斑斑驳驳的阳光，装点着这片森林区。远眺月湖，琳琅满目的风荷趁
着风摆动着身姿，涟漪在阳光下闪闪发亮。

## ⊙趣闻链接

琴台，又称伯牙台。相传古时候，有个叫作俞伯牙的著名琴师来到龟山
北面旅游，不巧，碰上了暴雨。俞伯牙受暴雨的阻挡，只好滞留于岩石之
下。他拿出古琴，随着暴雨弹奏起了琴曲。而一个名叫钟子期的樵夫听到了
俞伯牙的琴声，情不自禁地夸赞俞伯牙弹奏的这首曲子妙不可言。俞伯牙听

了钟子期的赞赏，又继续弹了起来。俞伯牙那志在高山、志在流水的情怀都一一透过弹奏古琴传到钟子期耳边，俞伯牙每弹奏一首曲子，钟子期都能够听出这首曲子的意旨。俞伯牙又喜又叹，对钟子期听音辩意的能力赞不绝口。

也正因为如此，二人便成为了知己，并约了来年再来此处论琴。可惜，第二年伯牙来了，钟子期却没能赴约，因为钟子期在不久后得病去世了。俞伯牙心里悲痛不已，在钟子期墓前，将自己从不离身的古琴摔碎。从那以后，伯牙再也不碰古琴了。

正是这一段故事感动了人们，为了纪念这一对知音，人们建立了琴台。

## ⊙特色评点

武汉自古以来便是楚之腹地，作为中国历史悠久的一座文化名城，武汉深深受到楚文化的熏陶。而今古琴文化艺术中心的创立，为月湖平添了无穷的魅力。古琴文化艺术中心给予了武汉特别的含义，生动形象地再现了楚国文化。人们在这儿行走，仿佛在历史时空里穿梭。

最具艺术魅力的建筑——琴台文化艺术中心

# 宏伟的国家级音乐殿堂

## ⊙风采展示

在北京天安门广场人民大会堂的西边、西长安街的南边，有一颗璀璨的湖中明珠，就是中国的音乐殿堂——中国国家大剧院的所在地。国家大剧院作为一个综合景区，以大剧院为主体，南北两侧有水下长廊和人工湖，绿地和地下停车场也分布于此。国家大剧院的实用面积有11.89万平方米，建筑面积有16.5万平方米。

国家大剧院

这座高46.68米的国家大剧院是在法国著名建筑师保罗·安德鲁的主持下设计建造的。法国巴黎机场公司作为主设计方。整个剧院的设计理念是要表现一种内在的活力，一个犹如鸡蛋壳状的外形下却有一个充满生机活力的内部，艺术的生命在其中孕育，让人们充分加深对艺术的认识。

国家大剧院的整体呈半椭球形状，是一个钢结构的壳体，212.2米的长轴投影于东西方向，投影南北方向的短轴长度也达到了143.64米。整个国家大剧院的高度为46.285米，只比人民大会堂低3米。18 000多块钛金属板拼接成了整个国家大剧院的外部壳体，壳体的总面积超过了3万平方米，所有的钛金属板中只有四块的形状是完全一样的。作为外部材料的钛金属板都经过了特殊的化学处理，使它的表面有一层极具质感的金属光泽，并保证15年不褪色。

国家大剧院呈半椭球形状

国家大剧院的中间部分是一个渐开式的玻璃幕墙，拼接这块幕墙的超白玻璃的数量超过了12 000块。这些超白玻璃巧妙地拼接在一起，形成一种表演开始前拉开幕布的感觉。国家大剧院椭圆壳体的周围环绕着一个大型的人工湖，湖面总面积有35 000多平方米。大剧院的各种通道和入口都创造性地设在了水面之下，观众们可以从一条80米长的水下通道中进入国家大剧院的演出大厅。人工湖的外围则是大面积的绿地、花卉和树木，体现了人与艺术、人与自然，以及人与人的和谐统一。

国家大剧院的内部分为歌剧厅、音乐厅和戏剧场三部分。3个剧场彼此之间相对独立但又有所联系。观众们可以通过空中走廊联通3个剧场。每个剧场的设计和建设都遵循了现代音乐厅的原则，将声学、力学和建筑学完美结合，使得国家大剧院的内部充满活力。

国家大剧院造型新颖的主体建筑、周围环绕的清澈人工湖和外围大面积种植的绿地、花卉、树木一起构成了中国这座音乐的殿堂。这座跨世纪的中国现代化建筑仿佛是一颗献给新世纪祖国的湖上明珠，将传统与现代、现实和浪漫完美结合。当夜幕降临后，灯光下的国家大剧院更显金碧辉煌，美轮美奂。壳体上错落有致的蘑菇灯，星星点点，和那天上繁星交相呼应，人们置身其中仿佛处于仙境一般，流连忘返。

## ⊙趣闻链接

国家大剧院除了造型独特，外形优美外，还创造了许多个第一。首先第一个，整个国家大剧院的

造型独特的国家大剧院

壳体穹顶钢结构重达6 475吨，因此，国家大剧院的壳体穹顶是世界上第一大的穹顶。另外，国家大剧院还是北京最深的建筑。据实际测量，延深至地下32.5米，相当于在地下建了10层楼的高度，真是不可思议。除此之外，国家大剧院里还有亚洲最大的管风琴。大剧院音乐厅的管风琴，一共有6 500根发声管，在2011年时，它是亚洲最大的管风琴。

## ⊙特色评点

国家大剧院从开始设计到建设竣工，一直不乏许多争议的声音。有人认为国家大剧院的建筑风格与北京周边的传统建筑群风格差异太大，显得很是突兀，格格不入。也有的人认为国家大剧院的投资过于浩大，花费太多。总之，这样那样的声音从没间断。但是，我们不能忽略国家大剧院给我国现代化建筑理念带来的冲击和影响。国家大剧院是中国建筑一个阶段性的里程碑，它也给中国的未来建筑带来了一些有益的借鉴和正面的思考。我们需要辩证地去看待国家大剧院的建设以及它对中国建筑所带来的影响。

# 如"水滴"般的天津体育场

## ⊙风采展示

在天津市区西南部坐落着一座现代化的体育馆，它犹如天津城中的一颗珍珠光彩夺目，它就是天津卫的水滴——奥林匹克体育中心。天津奥林匹克中心东边靠近卫津南路，西近水上西路，南边靠近凌水道，北近宾水西道。这个体育中心的总投资达到8.8亿美元。整个奥林匹克体育中心拥有3个区，分别是竞技区、住宅区和综合区，总占地面积为96.6公顷；其中的竞技区拥有大型体育场、一座国际体育交流中心以及水上运动中心，再加上已经建成的天津体育馆。

天津奥林匹克中心的大型体育场曾经作为第29届北京奥运会的足球预选赛赛场之一。人们都亲切地称其为"水滴"。这座大型的体育场如今已经成为天津这座滨海城市的新地标建筑。整个体育场面积有8万平方米，总建筑面积超过了15万平方米。体育场内设施齐全，功能先进，其主体结构南北长度为400多米，东西宽度为280多米，标准高度达到53米。体育场的主席台设有518个座位，记者席有272个座位，观众席拥有9万个座位。同时和体育场配套的有卖场、会议厅、展馆和健身房等其他辅助设施。整个体育场集运动、健身、休闲娱乐于一身，是一个综合性的体育场。

天津奥体中心体育场的设计为一个不规则的椭圆形建筑，好像一滴水滴，整

天津奥林匹克中心

136

个体育场的外部使用的是金属和玻璃，就好像整个体育场披上了一层银色的外衣，更显出水滴一般的晶莹感觉。让人更为惊叹的是，天津奥林匹克体育馆的周围被碧水包裹，整个场馆真的就像湖边溅起的一个小水滴。体育场由近900条圆弧组成了它银光闪闪的曲面。体育场的屋面全部采用了智能化的屋面系统，顶层采用的是阳光板，中间用金属板材，临地面层则是高强玻璃。这样的设计透光率好，隔热和抗冲击效果强，而且重量轻还具有防结露的特点，同时，还能节约很多的能源。

体育场的人工湖很有特点，它的东、南、西、北4个方向都有一座人行天桥，人们能够通过这些带顶棚的走廊和台阶，到达半空中的观光平台。这样设计的漫步长廊，可以使观众们一边欣赏精彩的体育赛事，一边欣赏体育场外壮观的湖面和秀美绿地组成的美景。

天津奥林匹克中心除了举办足球、田经等大型赛事外，还可以承办像跳水、游泳等水上运动的赛事。整个水上运动中心分为了比赛区和健身区两个功能区域。它就是一座现代化的国际体育交流中心，可以举行各种体育国际交流会。

不规则椭圆形建筑——天津奥林匹克中心

⊙**趣闻链接**

你知道天津奥林匹克体育中心的设计者是谁吗？它的设计理念是什么呢？

天津奥林匹克体育中心的设计是由日本著名的佐藤综合计画公司完成的，它主题鲜明，主要体现的就是2008年北京奥运会的主题思想："绿色奥运""人文奥运""科技奥运"。其中天津奥林匹克体育中心体育场周围由四片人工湖组成，水的总面积达7.5万平方米，有20万立方米的存水量。这四个湖中的水都是体育场使用后，通过排水系统收集的雨水，再经过特殊处理后集中在人工湖，作为备用水源用于绿化，充分体现了设计者的环保理念。

另外，体育场作为奥运会足球项目的预赛场地，在草皮的问题上也是十分注意的。整个体育场草坪的铺设都是世界级的，从设计到种植维护都采用世界先进技术，使得天津体育场的草坪质量达到了世界一流水平。

⊙**特色评点**

作为天津这座古城的一座现代化奥林匹克体育建筑，奥林匹克体育中心不仅仅是协办北京奥运会的兄弟场馆，也是天津这座城市奥林匹克精神的体现。这座水滴造型的奥运场馆正像它的独特外形所诠释的一样，中国也是

现代化天津奥林匹克中心

世界奥林匹克的一部分，是这片海洋中的一滴水。同时奥林匹克精神也在逐渐融入中国人民的生活之中。这个奥林匹克体育中心不仅见证了北京奥运会这个重大的历史时刻，它也作为一个奥林匹克的标志永远屹立在天津卫。现在，这座体育场已经对外全面开放了，成为了名副其实的文化、娱乐、休闲、运动齐聚的体育城。美丽的"水滴"正在向越来越多的国人和世界友人展现自己的美丽身姿。

# 最环保的鸟巢——国家体育场

## ⊙风采展示

在北京奥林匹克公园中心的南部，坐落着我国国家体育场，由于它的外形酷似鸟儿的巢穴，因此被人们亲切地称为"鸟巢"。"鸟巢"是2008年北京奥运会的主体育场，主要承办奥运会、残奥会的开幕式和闭幕式，以及田径比赛、足球决赛等赛事。北京奥运会之后，"鸟巢"成为北京市民参加体育活动、享受体育盛宴的专业场所，深得人们喜爱。

"鸟巢"的工程总占地面积为21公顷，建筑面积25.8万平方米，建筑高度达69米，工程主体建筑呈椭圆形，长轴为332.3米，短轴为296.4米，最高点高度为68.5米，最低点高度为42.8米。这座大型的体育场馆内设置了大约91 000个观众坐席，其中约有11 000个临时坐席，80 000个固定坐席；同时，场内配备了许多功能齐全的现代化设施，为运动员们创造了舒适的比赛环境，为观众提供一个亲临其境的最佳观赛场所，更为社会企业和各界名流搭建了一个交际、公关、答谢客户的社交平台，为企业提供展示自我的机会。

作为北京奥运会的标志性建筑，"鸟巢"向世界展现着它的魅力，吸引着四方来客。"鸟巢"美观、独特的外形设计是整个建筑的亮点之一，这些钢桁架围绕着碗状的座席区游走、编织、汇聚成网络状，使它看起来像是由一条一条的树枝编织成的

北京鸟巢

"鸟巢"，给人们带来强烈的震撼力和视觉冲击力的同时，体现了自然和谐之美。

美丽建筑——鸟巢

"鸟巢"设计之初和深化设计的过程中一直贯穿着节俭办奥运和可持续发展的理念，大开口的屋顶通过钢结构的优化可以大大减少用钢量。但是为了减小外面的阳光直接照射进场内所造成的强光刺激，体育场顶部的网架结构外表面上贴了一层半透明的膜，有了这层膜，可使光线通过漫反射作用而变得柔和，还能解决场内草坪的维护问题，为场内的观众和设施遮风挡雨；体育场内还设置了"碗状"的看台，这种设计可以调动场内观众的积极性，使运动员超常发挥。

在防雷抗震方面，"鸟巢"也做好了必要的防护措施："鸟巢"采用的是最古老的防雷方法，它利用建筑本身的结构特点，通过焊接等方式将建筑中的所有钢制品（如钢结构中的钢架以及钢筋混凝土中的钢筋等）进行有效连接，形成一个"笼形避雷网"。而且，场内的所有设备以及可能会与人发生接触的部位均与避雷网做好可靠连接，保证雷电发生时产生的巨大电流通过避雷网直接导入地下，避免对人体造成伤害，保证场内设施安全。"鸟巢"选用的钢材也是由我国自主创新研发的特种钢材，其强度是普通钢材的2倍，可抗8级地震。

⊙**趣味搜寻**

一说到"鸟巢"，最有趣的地方莫过于它可爱的外形了。有人会有疑问："鸟巢"的设计者为什么会把国家体育场设计成"鸟巢"的形状呢？一些细心的人发现，北京城里的喜鹊窝是用树枝和别的材料共同搭建的，人们就有疑问，是不是"鸟巢"的设计者也观察到了这种现象而从中得到了启发呢？

答案是否定的，在举办北京奥运会之前，国家体育场的设计方案是通过全球招标的方式决定的，在评审中，提交者为了方便人们理解曾在描述建筑结构特点时，用过"鸟巢"一词，后来，许多媒体报道国家体育场时都会用到"鸟巢"这个词。人们见到的建成的"鸟巢"也是由许多钢结构编织起来的，就像是用一条条树枝编起来的鸟巢，所以人们都会亲切地称国家体育场为"鸟巢"。

## ⊙特色评点

"鸟巢"是北京奥运会的标志性建筑，它时刻向世人诠释着北京奥运会的三大理念："鸟巢"的设计打破了传统束缚，采用多种先进的新技术和新方法，并且其中很多项创新成果都达到了国际先进水平，体现了"科技奥运"的理念。

"鸟巢"多采用符合国际标准环保技术的建材，注意节能，在对废物的处理上也严格按照奥运工程环保指南的要求进行，树立环保典范，体现了"绿色奥运"的理念；"鸟巢"弘扬中华民族优秀的传统文化，为各类人群（包括运动员、观众、媒体及残疾人等）提供舒适、安全、便利的环境，体现了"人文奥运"的理念。"鸟巢"属于中国也属于全世界，这个孕育着生命的"巢"更像一个摇篮，寄托着全人类共同的希望。

具有独特设计的鸟巢

# 完美呈现出水之神韵的建筑

## ⊙风采展示

　　水有着一种柔美而温润的神韵。在北京就有一座落成不久的现代化建筑，它完美地呈现出了水的神韵。那就是国家游泳中心——"水立方"。它是为2008年北京奥运会修建的主游泳馆，位于北京奥林匹克公园中心区的西侧，与国家体育场（鸟巢）遥相呼应。"水立方"占地面积62 950平方米，建筑面积79 532平方米，高31米，可容纳17 000多名观众，在北京奥运会期间主要承办游泳、跳水、花样游泳等各项赛事。奥运会过后，"水立方"成为许多人参观、游玩、参加游泳或跳水等体育活动的首选场所。

　　"水立方"的设计方案是经全球设计竞赛产生的"水的立方"方案，它的设计理念是：设计者针对各个年龄层次的人，探寻水可以提供的各种娱乐方式，开发水的不同用途，打造一个为不同人群提供与水有关的娱乐活动的场所。为了将设计理念融入建筑之中，"水立方"的设计者用水来装饰整个建筑，给"水立方"穿上了一件美丽的外衣，上面布满了酷似水分子结构的几何形状，给人们带来独特的视觉感受，水的神韵在建筑中得到了完美的体现。

　　ETFE膜是透明的，它是世界上最先进的环保节能材料，"水立方"的外衣所使用的就是这种材料。除了地面之外，"水立方"的

水立方

143

外表均采用膜结构，不仅可以制造良好的视觉效果，同时可以为游泳馆带来更多的自然光，"水立方"是膜结构得以应用的完美体现。

完美呈现出水之神韵的建筑——水立方

"水立方"的内部结构是一个多层建筑，看台对称排列，视野开阔，馆内乳白色的建筑与碧蓝的水池相映成趣。"水立方"在设计时很注重细节，例如，"水立方"中设有跳水池、比赛池和热身池，这些池子的水温与其所在大厅的温度相近，这为运动员的稳定发挥创造了良好的比赛环境。

"水立方"同"鸟巢"一样，在防雷设计上同样采用了传统的防雷技术，通过焊接的方式将整个建筑的钢结构全部连接起来，形成一个"笼式避雷网"。屋顶上使用的是又宽又厚的槽型钢构件，不要小看这些简单的零件，正是因为有了这些钢构件，才可以在雨天收集和排除屋顶上的积水，并可以将强烈的雷电流引到"笼式避雷网"，保护整座建筑的安全。"水立方"的地上部分采用坚实的钢结构，地下部分则采用钢筋混凝土结构，二者相结合形成一个牢固的整体。正是靠着优越的结构形式和良好的整体性，"水立方"才拥有了"强硬的身体"，能够抵抗8级强度的地震。

作为承办国家游泳赛事的"水立方"，无论是它的设计理念，还是建筑用材，以及建筑风格，都充分体现了国际化、现代化和科技化。它是一座科技与智慧交融的建筑，同时也为人们提供了一个运动、休闲的娱乐场所。

## ⊙趣闻链接

"水立方"是一个边长为177米的方型建筑，设计者受到水分子结构的启发，将"水立方"的外观设计成由许多貌似水分子结构的几何形状构成的图形，这样的设计美观新颖，带给人们一种耳目一新的感觉。设计者还在"水立方"的内层和外层都安装了充气的枕头，在气枕上覆上一层蓝色的膜，阳光照在上面反射出来，使整个建筑看起来像是晶莹剔透的蓝色水晶，即使是在炎热的夏天，淡雅的蓝色仍可给人们带来冰爽清凉的感觉。

水立方外景

"水立方"并不像一些建筑那样给人一种古板、拘谨的感觉，相反，置身于"水立方"之中，就好像遨游在蓝色的海洋里一样，这里可以让人们畅享"水立方"所带来的新奇感受。

## ⊙特色评点

2008年，"水立方"是北京奥运会的专属比赛场地；现在，"水立方"是供人们游泳、运动、健身、休闲的娱乐中心。这座现代化建筑实现了传统文化与建筑功能的完美结合，在很大程度上填补了国内外在建筑科技领域的技术空白，有力地推动了科学技术产业化和国外技术国产化的发展进程。屹立在中国大地上的"水立方"，向人们讲述着北京奥运的辉煌，向世人展现着它的绝美姿态。

# 堪称世界建筑奇迹的央视新大楼

## ⊙风采展示

在北京市朝阳区东三环中路，耸立着一座崭新的现代建筑——央视新大楼，它的全称叫作中央电视台总部大楼，简称为CCTV大楼。它的建筑面积大约为55万平方米，建筑高度大约为234米，占地面积达到了197 000平方米，整个工程总投资高达50亿元人民币，设计者为雷姆·库哈斯。紧邻北京东三环，地处中央商务区的核心位置。在整座央视新大楼建筑中，包括中央电视台总部大楼、电视文化中心、媒体公园和服务楼。

2007年，这座现代化建筑曾经被著名的美国《时代》周刊评选为世界十大建筑奇迹。央视新大楼以其前卫时尚的设计征服了参加评选的众多来自世界各地的建筑师，并且与中国北京当代万国城和国家体育馆并列被评选为世界建筑奇迹。在美国《国家地理》杂志组织的"2012最受读者青睐的全球新地标"活动中，北京央视新大楼也被读者列为"全球顶级摩天大楼"前5强。

下面，让我们来目睹一下这座现代化建筑的风采吧！

北京央视新大楼的主楼主要由两个部分组合而成，即电视文化中心和五星级酒店。五星级酒店设置在CCTV楼的主体内，酒店中的餐厅、大堂、商店和游泳池等公共设施都具有很强烈的设计感。CCTV大楼顶部设置为酒店风味餐厅，别具一格。酒店大堂上部的两侧设置为300

美轮美奂的央视新大楼

间客房围城的中庭，将中国的文化发挥得淋漓精致。

央视新大楼以造型独特和建造复杂著称。首先，中央电视台总部大楼主楼的两座塔楼双向内倾斜6度，并且在163米以上，由字母"L"形悬臂结构连为一体，这座大楼建筑外表面由不规则几何图案的玻璃和菱形钢网格组合而

由字母"L"形连接的央视新大楼

成，外表采用特种玻璃，被烧成灰色瓷釉的材质能够更好地遮蔽日晒。而那些不规则的菱形几何图案看似大小不一，毫无规律，但实际上都是经过建筑工程师的精密计算的，这些菱形块是大楼调节受力的得力工具，可以说是造型独特、结构新颖。由于这座大楼的高新技术含量很大，所以在全世界都属于"高、难、精、尖"的特大型建筑项目。其次，被外界称为"好看难建"的央视新大楼除了具有新颖独特的造型之外，塔楼连接部分也受到了外界极大的关注度。央视新大楼的塔楼连接部分借鉴了桥梁建筑的技术，而与桥梁建筑不同的是建筑物的某些部分有11层楼那么高，还包括伸出来的75米悬臂，并且前端没有任何的支撑。

央视新大楼建成后，以其全新的具有艺术感和雕塑感的形象，代表着中国电视媒体的文化形像，并且成为北京的一大现代建筑景观。

## ⊙趣闻链接

作为北京央视新大楼的设计师，雷姆·库哈斯于1944年出生于鹿特丹，曾经在伦敦建筑联合学院和美国康奈尔大学学习建筑。在建筑专家和规划专家进行中央电视台新台址建设工程的时候，央视新大楼的主楼进行了一个很人性化的划分，将主楼按照不同的分工分成节目制作区、新闻制作播出区和综合业务区、行政管理区以及播送区。这样的可圈可点的区域划分更为中央

电视台的工作提供便利。当设计师雷姆·库哈斯公布中央电视台总部大楼的设计方案时，外界存在很多争议，从技术上讲，这种建筑工程存在很大难度。当然，施工完成了，这个中国新时期建筑也成为了宏伟的建筑标志。作为施工创下多项国内外新纪录的央视新大楼，完成了一次次的超越和突破，也意味着中国建筑史上的一个突破。

独特的央视新大楼

## ⊙特色评点

瑞士设计师莎瑞对央视新大楼的稳定性和安全性表示赞赏。北京央视新大楼以科学的建筑方式，向外界传达了中国主媒体的艺术理念和科学理性。央视新大楼虽然设计复杂，但假使其中一个环节出现问题，也不会影响到整座大楼的稳定性。莎瑞对央视新大楼的评价恰恰证明了建筑物的设计感和科学性。

而且，中央电视台新台址的设计方法既有本身的个性，又存在建筑群体的共性。它将成为新北京的标志性建筑，又能向全世界传递用建筑的语言表达出来的媒体文化和个性。这样的方法能够推动中国高层的结构体系建筑，还能够开创中国建筑的结构思想。这样一座现代建筑，树立了中央电视台的标志新形象。

# 上海的标志东方明珠

## ⊙风采展示

　　在上海的母亲河——黄浦江的东岸，傲立着一座叫作东方明珠的电视塔。它置身于陆家嘴繁华的金融贸易区，见证了上海的经济腾飞。它是上海最具标志性的建筑物，高达468米，而且当年还占据着多项"世界第一"的位置，比如说高塔发射天线的长度和重量，塔的空中建筑面积，电梯双层轿厢的上升高度等。目前，东方明珠已成为了上海的热点旅游景点，还被列入到了上海新兴的十大景观当中去。

　　东方明珠与南浦大桥和杨浦大桥一同构成了一道"双龙戏珠"的奇妙景观，并与上海外滩的万国建筑群隔江相对。它从上而下布置着十一个大小不一的球体，从蓝蓝的天空一直连接到碧草如茵的地面，像极了白居易的诗句"大珠小珠落玉盘"所描绘的壮美景观。一到晚上，东方明珠上的立体照明系统更是华灯齐放，灯光不仅色彩缤纷，而且摇曳生姿，美不胜收。这时，如果我们登上东方明珠，俯瞰整个上海的夜景，更见灯火辉煌、流光溢彩，无比壮观。

　　东方明珠电视塔的组成部分包括了塔座、擎天大柱、下球体、中球体和太空舱，其中，

东方明珠塔

149

东方明珠电视塔

下球体的直径为50米，被安装在擎天柱的68～118米；中球体的直径为45米，被安装在擎天柱250～295米；太空舱则置于335～349米的高处，直径为14米。整个建筑非常雄壮美观，而且结构也浑然一体。

东方明珠是一座功能非常齐全的建筑，集广播电视发射、餐饮、观光、娱乐、购物、住宿、游览于一体。在塔的90米以下，是室外观光走廊，而263米处，是主要的观光层，到了太空舱，则是鸟瞰整个上海的最佳场所。站在太空舱，可以从高处观赏到上海这座国际性大都市纵横交叉的各个街道以及万丈高楼的壮观之景。

特别是在风和日丽的时候，登塔而上，举目远望，还依稀地可以看到佘山和崇明岛，真是令人心旷神怡呀！在东方明珠的267米处，还有亚洲最高的空中旋转式餐厅，让人们在品尝美味佳肴的同时，还能悠闲地360°旋转着饱览繁华的都市风情；另外，在塔旁的黄浦江边，还有一处东方明珠游船码头，在这里，人们可以乘坐东方明珠浦江游船进行沿江游览，可以尽情地领略百舸争流、繁华热闹的都市画卷。

## ⊙趣闻链接

你知道东方明珠这个名字是怎么来的吗？原来，它是出自白居易的《琵琶行》中的诗句。白居易以珍珠落到玉盘中所发出来的美妙声音来形容歌女弹奏琵琶的声音，于是，就有了"大珠小珠落玉盘"这一名言佳句。后来，东方明珠的设计者也把这富有梦幻意义的十一个大小不一、高低错落的球体称作"明珠"，特别是那两颗如红宝石般晶莹璀璨的巨大球体被高高托起，更像是天边升起的璀璨明珠。

## ⊙特色评点

东方明珠具有"东海的珍珠"的美称，是上海的象征。而且，它不仅仅是一座电视塔，还是一座功能非常齐全的现代化建筑。塔底是东方明珠科幻城，里面有很多精彩刺激的项目，是世界上规模最大、项目最全的"科幻城"之一。此外，这里还有独一无二的"太空热气球"。东方明珠塔内则有上海历史博物馆，属于史志性的博物馆。这里通过了诸多珍贵的文物文献、档案图片，还有先进的影视和音响设备，形象生动地反映出了近代上海的发展历史，全面地展示了上海在政治经济和文化社会等方面的深刻变化。

东方明珠上海电视塔